Physikalische Chemie kompakt

Jakob „SciFox" Lauth

Physikalische Chemie kompakt

Mit Illustrationen von Stephanie
„Faelis" Jungmann

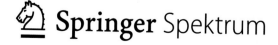

Jakob „SciFox" Lauth
FH Aachen, Institut für Angewandte
Polymerchemie
Jülich, Deutschland

ISBN 978-3-662-64587-1   ISBN 978-3-662-64588-8   (eBook)
https://doi.org/10.1007/978-3-662-64588-8

Die Deutsche Nationalbibliothek verzeichnet diese Publikation in der Deutschen Nationalbibliografie;
detaillierte bibliografische Daten sind im Internet über http://dnb.d-nb.de abrufbar.

Planung: Désirée Claus
Springer Spektrum ist ein Imprint der eingetragenen Gesellschaft Springer-Verlag GmbH, DE und ist
ein Teil von Springer Nature.
Die Anschrift der Gesellschaft ist: Heidelberger Platz 3, 14197 Berlin, Germany

Vorwort

„The supreme goal of all theory is to make the irreducible basic elements as simple and as few as possible without having to surrender the adequate representation of a simple datum of experience."
(Albert Einstein (1879–1955))

Im Laufe der letzten 150 Jahre gab es zahlreiche medientechnische Neuerungen. Von jeder dieser Neuerungen hieß es, dass sie deutliche Auswirkungen auf die Lehre haben werde. Die Jubelrufe waren in der Regel in der Überzahl („E-Learning ist eine Revolution in der Lehre"), es gab aber auch kritische Stimmen („Verderben Videos die Lehre?").

Der Fortschritt in der Technologie macht die Lehre nicht automatisch besser. Es ist eine Illusion zu glauben, dass mit der richtigen Lehrform oder dem richtigen Medium Lernen „leicht" wird. Lernen ist und bleibt auch im 21. Jahrhundert Arbeit. Der Dozent kann den Studenten aber dabei helfen, indem er Begeisterung weckt, Wege aufzeigt, sich effizient mit der Materie auseinander zu setzen und interessante herausfordernde Aufgaben stellt.

Ich unterrichte seit über 25 Jahren *Physikalische Chemie* in der Hochschullehre und habe sowohl mit klassischen als auch digitalen Technologien experimentiert. Im Laufe der Zeit entstand so eine multimediale Lehrveranstaltung, die einerseits dem Lernverhalten der Studenten entspricht (wie ich den Evaluationen entnehme), aber auch mit meinem Charakter und Temperament als Dozent[1] kompatibel ist.

Ich beschreibe in diesem Buch die Art und Weise, wie ich die *Physikalische Chemie* für die junge Generation aufbereite, so dass diese sie nutzen und darauf aufbauen kann. Der Vorlesungsstoff wurde in viele kleine Häppchen *(lecture bites)* unterteilt; zu jedem dieser Häppchen wurde ein maximal 10-minütiges Videos produziert – ein Format, welches die *digital natives* erfahrungsgemäß häufig nutzen.

---

[1] Meine Einstellung zur Lehre kann man als *humble teaching* bezeichnen. Einerseits ist sie geprägt vom Respekt vor den großartigen Leistungen zahlreicher Wissenschaftler. Das Lehrbuchwissen von heute die Quintessenz aus Jahrhunderten dieser Leistungen dar. Mein eigener Beitrag zu diesem Wissen ist praktisch gleich Null. Andererseits bin ich mir bewusst, dass das Lehrbuchwissens von heute (sowie ein Großteil unserer aktuellen Weltanschauung) in 100 Jahren bestenfalls belächelt wird. Aus der Zukunft skaliert werden auch viele vermeintliche Experten von heute im *Dunning-Kruger-Chart* ganz in der Nähe von *Mount Stupid* landen.

Die Vorbereitung zu jeder der 12 Präsenzveranstaltungen (ich nenne diese gerne Workshops) erfolgt digital und asynchron *(inverted classroom)*. Zur Überprüfung des Vorwissens gibt es ein erweitertes Online-Quiz (Multiple Choice, Rechenfragen, Anordnungsfragen. etc.). Zu jedem Workshop gibt es ein Cartoon von Faelis (www.Füchsin.de) als *Thumbnail,* in welchem ein wichtiger Sachverhalt humorvoll aufgearbeitet wird.

In den Workshops selbst verzichte ich bewusst auf digitale Elemente. Beispielsweise gibt es immer ein *Experiment des Tages* (meist von Studenten durchgeführt; bleibt sehr gut im Gedächtnis) und eine *Frage des Tages.* Weiterhin nutze ich keinerlei Präsentationsprogramme sondern konsequent Tafel & Kreide (bzw. Marker & Whiteboard). Wichtige Fakten erarbeite ich gemeinsam mit den Studenten an der Tafel.

Weitere Einzelheiten zu meiner Lehre finden Sie in meinem Lehrportfolio[2].

Ich wünsche dem Leser viel Erfolg und viel Freude bei der Beschäftigung mit diesem Buch. Ich freue mich über Vorschläge zur Verbesserung und sachliche Kommentare.

Mein Dank gilt vor allem meinem Ehemann Grey und meiner Freundin Faelis für die Unterstützung und die Anfertigung der Zeichnungen sowie den Mitarbeitern des Springer-Verlags für die gute Zusammenarbeit.

Jülich
im März 2022

---

[2] https://www.fh-aachen.de/fileadmin/people/fb03_lauth/Sonderveranstaltungen/Lehrportfolio.pdf

Inhaltsverzeichnis

Abbildungsverzeichnis

Tabellenverzeichnis

Zustandsänderungen

1.1 Motivation

In diesem Kapitel lernen wir die Perspektive der Physikalischen Chemie und insbesondere der Thermodynamik auf die Welt kennen (Abb. 1.1). Was meint ein Thermodynamiker, wenn er von **Systemen, Zustandsgrößen, Prozessgrößen** und Ähnlichem spricht?

Ein sicheres Verständnis dieser Grundbegriffe ist wichtig für das Durcharbeiten der weiteren Kapitel.

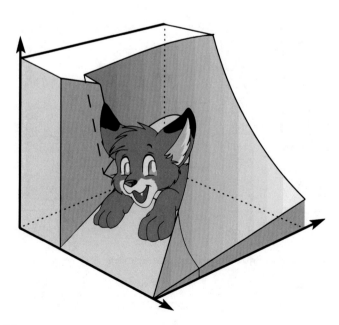

Abb. 1.1 Wie betrachten wir die Welt thermodynamisch? (https://doi.org/10.5446/40348)

J. „SciFox" Lauth, *Physikalische Chemie kompakt,*
https://doi.org/10.1007/978-3-662-64588-8_1

1.2   Wie beschreibt die Thermodynamik die Knallgasreaktion?

In diesem Kapitel geht es um Systeme und Prozesse, also um die Frage, wie ein Thermodynamiker die Welt sieht.

Anhand der bekannten Knallgasreaktion werden wir diese Sichtweise exemplarisch diskutieren.

Die Reaktion von Wasserstoff mit Sauerstoff zu Wasser wird von einem Chemiker in dieser Art und Weise formuliert:

$$2H_2(g) + O_2(g) \rightarrow 2H_2O(l) \tag{1.1}$$

Das reicht der Physikalischen Chemie längst nicht aus, den Vorgang komplett zu beschreiben. Es geht hier darum, Prozesse eindeutig mit Zahlen zu beschreiben, sodass jeder Experte das Experiment exakt und eindeutig nachstellen kann.

Die komplette Beschreibung könnte z. B. folgenderweise aussehen (Abb. 1.2, Tab. 1.1).

Die physikalischen Größen in dieser Zusammenstellung werden wir nach und nach kennenlernen.

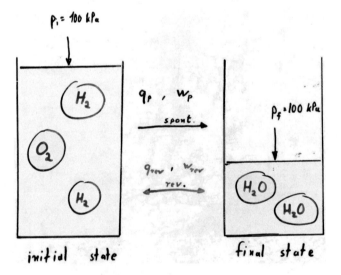

Abb. 1.2 Beschreibung der Prozessführung mit Prozessgrößen

Tab. 1.1 Ausführliche thermodynamische Beschreibung von Anfangs- und Endzustand eines Prozesses (Knallgasreaktion)

$V_i = 0,0744 \, \text{m}^3$	$V_f = 0,000036 \, \text{m}^3$
$T_i = 298,15 \, \text{K}$	$T_i = 298,15 \, \text{K}$
$p_i = 100 \, \text{kPa}$	$p_i = 100 \, \text{kPa}$
$H°_i = 0 \, \text{kJ}$	$H°_i = 572 \, \text{kJ}$
$S°_i = 466 \, \frac{\text{J}}{\text{K}}$	$S°_i = 140 \, \frac{\text{J}}{\text{K}}$
$G°_i = 0 \, \text{kJ}$	$G°_i = 474 \, \text{kJ}$

1.3   Wie beschreiben wir den Zustand eines Systems?

Starten wir mit den Edukten (auch Reaktanten oder Substrate genannt):

2 mol Wasserstoff und 1 mol Sauerstoff sind in einem Behälter, welcher von der Physikalischen Chemie als „System" bezeichnet wird (Abb. 1.3).

Ein **System** ist ein begrenzter Bereich des Universums, abgegrenzt durch Grenzen von der Umgebung (engl.: „surroundings").

Unser System hier muss nun eindeutig und vollständig beschrieben werden. Diese Beschreibung erfolgt mit sog. **Zustandsgrößen,** welche das System quantifizieren.

Viele dieser Zustandsgrößen sind aus dem Alltag bekannt, wie z. B. die Masse, die Temperatur oder der Druck.

Die Thermodynamik „erfindet" (oder besser „definiert") eine Reihe von weiteren Zustandsgrößen, welche vor allem die energetischen und energieähnlichen Aspekte des Systems quantifizieren. Die wichtigsten dieser Größen sind die Enthalpie H, die Entropie S und die freie Enthalpie („GIBBS-Energie") G.

H, S und G sind Eigenschaften des Systems – genau wie die Masse oder das Volumen. Wir können mit diesen Größen aber generelle Gesetzmäßigkeiten, die in der Thermodynamik gelten („Hauptsätze"), in einfacher Form formulieren und anwenden. Mehr dazu finden wir in Kap. 4: „Sind Energie und/oder Entropie mit uns?".

Abb. 1.3 Behälter mit Knallgas als thermodynamisches System

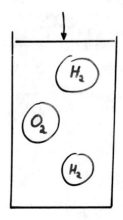

1.4   Wie viele Angaben benötigen wir zur Beschreibung eines Systems?

Wie viele Zahlen brauchen wir denn nun, um unser System eindeutig zu beschreiben? Dafür hat Joshua Gibbs – einer der ganz Großen der Thermodynamik – eine Regel aufgestellt.

Eigentlich ist es sogar ein Gesetz – das einfachste Gesetz der Thermodynamik:

$$F = C - P + 2 \tag{1.2}$$

Dies ist die sog. **Gibbs'sche Phasenregel.** Gibbs sagt, dass bei einer Anzahl C an Komponenten und einer Anzahl P an Phasen genau F intensive Größen benötigt werden, um das System eindeutig zu beschreiben. Wir haben in unserem Beispiel zwei **Komponenten** (Wasserstoff und Sauerstoff), d. h. zwei unterschiedliche Teilchenarten: $C = 2$.

Weiterhin ist unser Beispielsystem homogen, d. h. es liegt nur eine Phase vor (**Phase** = homogener Bereich im System), nämlich eine Gasphase.

Die einfache Rechnung liefert $F = 2 - 1 + 2 = 3$. Wir haben drei **Freiheitsgrade;** wir benötigen genau drei Angaben, um das System eindeutig zu beschreiben – nicht weniger und nicht mehr. Wir können uns diese drei Zustandsgrößen aussuchen, z. B. Temperatur T, Molvolumen $\overline{V}$ und Angabe der Zusammensetzung x. Wir sind „frei" in der Wahl der Größen, wir könnten auch die Dichte, den Druck und die Enthalpie wählen; es müssen allerdings genau drei Angaben sein.

Das Produkt Wasser – auch wieder ein System – besteht nur aus einer Komponente, H_2O. Es ist ebenfalls homogen, besteht also aus einer Phase (flüssig). Dies bedeutet, dass wir zwei ($F = 1 - 1 + 2 = 2$) Angaben zur kompletten Beschreibung benötigen. Die Angaben vor Temperatur T und Molvolumen $\overline{V}$ reichen aus, um das System „Wasser" (genau wie jeden anderen reinen Stoff) eindeutig zu quantifizieren.

Alle anderen Zustandsgrößen – alle anderen Eigenschaften – stellen sich dann „automatisch" ein. Sind T und $\overline{V}$ festgelegt, sind auch alle anderen Größen (Druck, Enthalpie, etc.) festgelegt.

Daher lassen sich alle Zustände eines reinen Stoffes grafisch auf einer Ebene (z. B. der T-$\overline{V}$ Ebene) als Punkte darstellen.

Noch mehr Informationen erhalten wir aus einem dreidimensionalen Zustandsdiagramm, in welchem z. B. noch der Druck p als Zusatzinformation aufgeführt ist.

Das $p\overline{V}T$-Zustandsdiagramm eines reinen Stoffes („Einkomponentensystem", Abb. 1.4) soll uns ein Leitfaden durch viele Kapitel dieses Buches sein.

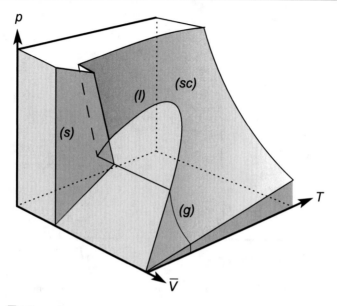

Abb. 1.4 $p\overline{V}T$-Zustandsdiagramm von Wasser (H_2O, Einkomponentensystem); (s): fest; (l): flüssig; (g): gasförmig; (sc): überkritisch

1.5   Wie beschreiben wir einen Prozess mit thermodynamischen Größen?

Zurück zu unserer Knallgasreaktion. Wir haben unsere Edukte (Reaktanden/ Substrate) und unser Produkt thermodynamisch komplett beschrieben und jetzt wollen wir die eigentliche Reaktion diskutieren – den Prozess von Anfangszustand i („initial") zu Endzustand f („final"). Ein **Prozess** in immer eine Zustandsänderung – in diesem Fall eine chemische Zustandsänderung. Ein Prozess kann beschrieben werden durch die Änderung der Zustandsgrößen ΔZ.

Wir bilden die Differenz aus dem Endwert Z_f und dem Anfangswert Z_i der Zustandsgröße.

$$\Delta Z = Z_f - Z_i \tag{1.3}$$

Zum Beispiel können wir die Volumenänderung als

$$\Delta V = V_f - V_i \tag{1.4}$$

beschreiben.

Die Volumenänderung ist in unserem Beispiel negativ; es handelt sich um einen sog. exochoren Prozess.

Natürlich kann eine Zustandsgröße auch konstant bleiben, z. B. bleibt in unserem Beispiel der Druck konstant (Abb. 1.5).

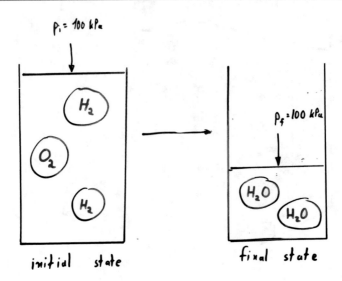

Abb. 1.5 Isobare isotherme Bildung von Wasser aus Knallgas als thermodynamischer Prozess

Es handelt sich um einen isobaren Prozess.

$$p_f = p_i \tag{1.5}$$

$$\Delta p = p_f - p_i = 0 \tag{1.6}$$

Betrachten wir die „neuen" Zustandsgrößen der Thermodynamik genauer.

1.6   Wie verändert sich die Energie während eines Prozesses?

Die **Enthalpie** H ist ein Maß dafür, wie viel **Energie** in einem System steckt. Im Anhang finden wir eine ausführliche thermodynamische Tabelle, in welcher diese Größe für reine Stoffe im Standardzustand ($p^\circ = 100$ kPa, meist 25 °C) tabelliert sind (sog. „Standardbildungsenthalpien" $\Delta_f H^\circ$). Für die Stoffe, die an unserer Reaktion beteiligt sind, finden wir folgende Werte:

$$H_2O(l): \Delta_f H^\circ = -285,8 \, \frac{\text{kJ}}{\text{mol}} \tag{1.7}$$

$$H_2(g): \Delta_f H^\circ = 0 \, \frac{\text{kJ}}{\text{mol}} \tag{1.8}$$

$$O_2(g): \Delta_f H^\circ = 0 \, \frac{\text{kJ}}{\text{mol}} \tag{1.9}$$

Wasserstoff und Sauerstoff haben beide die Enthalpie 0, d. h. auch in Summe besitzt unser Edukt Knallgas die Enthalpie 0. Das Produkt Wasser hingegen ist deutlich energieärmer: –572 kJ für 2 mol Wasser.

Bei dem Prozess nimmt also die Energie ab, es ist ein **exothermer Prozess**. Die Standard-Reaktionsenthalpie $\Delta_r H°$ ist negativ.

$$\Delta_r H° = H_f - H_i \tag{1.10}$$

$$\Delta_r H° = -572 \text{ kJ} \tag{1.11}$$

Die Standard-Reaktionsenthalpie ist ein Maß dafür, wie sich die Energie bei einem Prozess ändert. In unserem Fall ist das Produkt (2 mol Wasser) um 572 kJ energieärmer als die Edukte.

1.7 Wie verändert sich das Chaos (Entropie) während eines Prozesses?

Die **Entropie** S ist eine weitere thermodynamische Größe und diese ist etwas weniger anschaulich als die Enthalpie. S ist ein quantitatives Maß für die Unordnung, für das Chaos, für das **Fehlen an Information** („Neginformation"). Im Anhang finden wir eine ausführliche Tabelle, in welcher auch diese Größe für reine Stoffe im Standardzustand ($p° = 100$ kPa, meist 25 °C) tabelliert ist (sog. „Standardentropien" $S°$). Für die Stoffe, die an unserer Reaktion beteiligt sind, finden wir folgende Werte:

$$H_2O(l) : S° = 69,9 \frac{J}{molK} \tag{1.12}$$

$$H_2(g) : S° = 130,6 \frac{J}{molK} \tag{1.13}$$

$$O_2(g) : S° = 205 \frac{J}{molK} \tag{1.14}$$

Die reine Summe der Entropie der Edukte beträgt 466 J/K. Dies ist eine recht hohe Entropie, aber nicht ungewöhnlich für „chaotische" Gase (tatsächlich haben die Wörter „Gas" und „Chaos" den gleichen Wortstamm).

Tatsächlich ist die Entropie des Knallgases noch höher, da bei der Mischung zweier reiner Stoffe das Chaos weiter ansteigt. Flüssiges Wasser hingegen ist mit einer Entropie von 140 J/K deutlich geordneter. Bei unserem Prozess nimmt die Entropie also ab; die Standard-Reaktionsentropie $\Delta_r S°$ ist negativ; es ist ein sog. **exotroper Prozess**.

$$\Delta_r S° = S_f - S_i \tag{1.15}$$

$$\Delta_r S = -326 \frac{J}{K} \tag{1.16}$$

Die Angabe der Standard-Reaktionsenthalpie $\Delta_{rxn}H°$ und der Standard-Reaktionsentropie $\Delta_{rxn}S°$ ist typisch für die thermodynamische Betrachtungsweise eines
Prozesses.

Die Grundgesetze der Thermodynamik („Hauptsätze") lassen sich in einfacher
Art und Weise anwenden, wenn wir $\Delta_r H°$ und $\Delta_r S°$ kennen.

1.8   Wie verändert sich die Instabilität während eines Prozesses?

Besonders wichtig ist die thermodynamische Größe G. G ist die **freie Enthalpie**
(oder „GIBBS-Energie"), ein Maß für die **Instabilität.** Im Anhang finden wir
eine ausführliche thermodynamische Tabelle, in welcher diese Größe für reine
Stoffe im Standardzustand ($p° = 100$ kPa, meist 25 °C) tabelliert sind (sog. „Freie
Standardbildungsenthalpie"$\Delta_f G°$ oder auch „chemisches Standardpotenzial"
$\mu°$ genannt.). Für die Stoffe, die an unserer Reaktion beteiligt sind, finden wir
folgende Werte:

$$H_2O(l): \Delta_f G° = -237,13 \frac{kJ}{mol} \tag{1.17}$$

$$H_2(g): \Delta_f G° = 0 \frac{kJ}{mol} \tag{1.18}$$

$$O_2(g): \Delta_f G° = 0 \frac{kJ}{mol} \tag{1.19}$$

Die Summe der Instabilität der Edukte ist 0; die Instabilität von 2 mol Wasser
ist -474 kJ. Dies bedeutet: Wasser ist viel stabiler als Knallgas. Während der
Reaktion nimmt die Instabilität ab; die freie Standard-Reaktionsenthalpie $\Delta_{rxn}G°$
ist negativ; es handelt sich um einen sog. **exergonischen Prozess.**

$$\Delta_r G° = \Delta_f G°_{final} - \Delta_f G°_{initial} \tag{1.20}$$

$$\Delta_r G° = -474 \text{ kJ} \tag{1.21}$$

Die freie Standard-Reaktionsenthalpie $\Delta_r G°$ heißt auch „Standard-Antrieb" oder
„Standard-Affinität" eines Prozesses.

Endergonische Prozesse (positives $\Delta_r G°$) können spontan niemals von den
Edukten zu den Produkten ablaufen (mit 100 % Umsatz).

Wir können einen Prozess also thermodynamisch beschreiben, indem wir
sowohl Anfangszustand als auch Endzustand mit Zustandsgrößen erfassen.
Üblicherweise sind dabei auch die wichtigen thermodynamischen Zustandsgrößen
dabei: Enthalpie, Entropie und freie Enthalpie.

Die Energiegrößen Wärme q und Arbeit w kennen wir zwar aus dem Alltag,
diese sind aber thermodynamisch ein bisschen anders zu verstehen.

1.9 Welches Vorzeichen haben die Prozessgrößen Wärme und Arbeit?

Wärme und **Arbeit** sind Formen des **Energieaustausches** zwischen System und Umgebung. Hierbei gilt die **Vorzeichenkonvention** der Thermodynamik (Abb. 1.6).

Vom System aufgenommene Energiemengen werden positiv gewertet; vom System abgegebene Energiemengen werden negativ gewertet. Abb. 6 zeigt ein Beispiel, bei dem das System Arbeit aufnimmt; dann hat die Arbeit einen positiven Betrag: $w > 0$.

In der gleichen Abbildung nimmt das System auch Wärme auf; auch die Wärme besitzt einen positiven Betrag (sog. „endothermer Prozess"). Bei vielen chemischen Reaktionen wird Wärme vom System abgegeben; dies sind dann exotherme Prozesse.

Wenn wir z. B. eine Tasse Wasser (125 g) von 25 °C auf 75 °C erhitzen, dann nimmt unser System (Wasser) Energie in Form von Wärme aus der Umgebung auf; es handelt sich um einen endothermen Prozess.

In diesem Beispiel ändert die Wärme die Temperatur, wir sprechen von **„sensibler Wärme"**.

1.10 Wie messen wir Wärme?

Wir könnten die sensible Wärmen messen, indem wir die bekannte Gleichung aus der Physik nutzen:

$$q_{sen} = C \Delta T \tag{1.22}$$

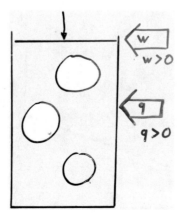

Abb. 1.6 Vorzeichenkonvention in der Thermodynamik

C ist die **Wärmekapazität,** ΔT ist die Temperaturdifferenz (Endtemperatur − Anfangstemperatur). Falls die Wärmekapazität nicht konstant ist, müssen wir die Gleichung modifizieren.

$$q_{sen} = \int C d\mathbf{T} \qquad (1.23)$$

Die spezifische Wärmekapazität von flüssigem Wasser beträgt 4,184 J/(Kg) (1 cal/(Kg)). 125 g Wasser besitzt damit eine Wärmekapazität von 523 J/K. Damit können wir die sensible Wärme berechnen.

$$q_{sen} = C\Delta T = 523\ \frac{\mathbf{J}}{\mathbf{K}}(50\ \mathbf{K}) = 26\ \mathbf{kJ}$$

Wir benötigen 26 kJ an Wärme, um 125 g Wasser von 25 °C auf 75 °C zu erwärmen.

Von sog. „**latenter Wärme**" sprechen wir, wenn wir dem System Wärme zuführen, ohne dass sich die Temperatur ändert.

In Abb. 1.7 sind die Prozesse zusammengefasst, die bei der Erwärmung von 1,0 g Wasser aus dem festen Zustand (273 K) in den gasförmigen Zustand (373 K und darüber hinaus) stattfinden.

Wenn wir 1,0 g Eis bei 273 K Wärme zuführen, dann bleibt zunächst die Temperatur konstant, bis das Eis geschmolzen ist. Wir benötigen 333 J, um 1 g Eis komplett zu schmelzen. Dies ist eine latente Wärme – die Schmelzwärme $\Delta_{fus}q$ (oder Schmelzenthalpie $\Delta_{fus}H$).

Bei weiterer Wärmezufuhr nimmt die Temperatur des nun flüssigen Wassers zu bis auf 100 °C. Hier können wir die Formel für die sensible Wärme nutzen. Anschließend führen wir wieder eine latente Wärme zu, um das Wasser zu verdampfen (Verdampfungswärme $\Delta_{vap}q$ bzw. Verdampfungsenthalpie $\Delta_{vap}H$).

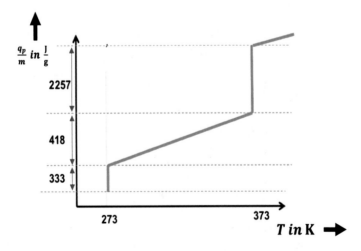

Abb. 1.7 Sensible und latente Wärmemengen bei Wärmezufuhr zu Wasser

Die Erwärmung des Wasserdampfes entspricht dann wieder einer sensiblen Wärme.

Flüssiges Wasser besitzt eine relativ große Wärmekapazität (große Steigung in Abb. 1.7); die Wärmekapazität von Eis oder Wasserdampf ist nur ca. halb so groß.

1.11 Wie messen wir Arbeit?

Aus der Physik kennen wir die Gleichung zur Berechnung der Arbeit: Arbeit ist Kraft mal Weg.

$$w = F \cdot s \tag{1.24}$$

Generell ist Arbeit immer das Skalarprodukt einer „kraftartigen Größe" und einer „wegartigen Größe".

Die elektrische Arbeit können wir z. B. aus Spannung U, Stromstärke I und Zeit t errechnen.

$$w_{el} = U \cdot I \cdot t \tag{1.25}$$

Wenn wir unser Smartphone an einem Standard-USB-Anschluss für 3 h aufladen, dann beträgt die Spannung 5 V und es fließen 1 A Strom. Wir haben demnach

$$w_{el} = 5\,\text{V}\ 1\,\text{A}\ 10800\,\text{s} = 54\,\text{kJ} \tag{1.26}$$

54 kJ an Arbeit auf den Akku des Handys übertragen. Umgerechnet entspricht dies dem Wärmebedarf von etwa zwei Tassen Tee.

In der Thermodynamik ist vor allem die **(Druck-)Volumenarbeit** wichtig. Immer dann, wenn das Volumen eines Systems sich verändert – kleiner oder größer wird –, ist Arbeit im Spiel.

Abb. 1.8 veranschaulicht dies. Die Atmosphärendruck p_{ex} erzeugt eine Kraft auf unser System. Wenn wir jetzt das Volumen des Systems verändern (z. B. bei der Knallgasreaktion), dann haben wir einen „Weg", entlang dem die Kraft wirkt. Wir erhalten für diese sog. Druck-Volumen-Arbeit w_{pV}

$$w_{pV} = -p \Delta V \tag{1.27}$$

Unsere 74,4 L Knallgas reagieren isobar zu 36 mL Wasser. Die Reaktion ist exochor mit $\Delta V = 74{,}4\,L$. Bei einem Außendruck von 100 kPa bedeutet dies eine eine Volumenarbeit von

$$w_{pV} = -(100\,\text{kPa})(-74{,}4\,\text{L}) = 7{,}4\,\text{kJ} \tag{1.28}$$

Die Atmosphäre leistet am Knallgas – sozusagen gratis – eine Arbeit von 7,4 kJ.

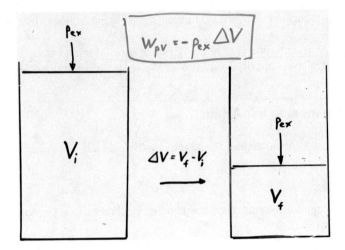

Abb. 1.8 Arbeit bei Volumenverminderung durch einen äußeren Druck

---

1.12 Wie beschreiben wir einen Prozess thermodynamisch?

Ein Prozess ist einerseits durch seinen Anfangs- und Endzustand definiert (quantifiziert durch die jeweiligen Zustandsgrößen Z_i und Z_f); andererseits ist auch die Angabe der Prozessgrößen Arbeit w und Wärme q für einen Prozess relevant.

Besonders wichtig ist, dass die **Prozessgrößen** vom **Weg** abhängen.

Die Änderungen der Zustandsgrößen von Z_i und Z_f sind immer gleich, egal, was einen Weg wir beschreiten. Ob wir das Knallgas direkt entzünden oder ob wir es langsam in einer Brennstoffzelle reagieren lassen; die Zustandsgrößenänderungen ΔZ sind dieselben.

Die Zahlen für Arbeit und Wärme hingegen können bei der Knallgasreaktion je nach Reaktionsweg unterschiedlich sein. Die Volumenarbeit ist zwar immer 7,4 kJ, weil wir ja immer die gleiche Volumenänderung haben. Aber wenn wir die Reaktion direkt spontan durchführen (in einem Knallgasgebläsebrenner) erhalten wir keine weitere Arbeit – die Nutzarbeit $w_{use} = 0$, aber wir erhalten sehr viel Wärme: −572 kJ.

Wenn wir den gleichen Prozess in einer Brennstoffzelle durchführen, dann gibt unser System sehr viel elektrische Arbeit ab, nämlich −474 kJ – allerdings entsprechend weniger Wärme, nämlich nur noch −98 kJ.

Wegen der Wegabhängigkeit sollten wir die Prozessgrößen w und q immer mit einen Index markieren, der uns den Weg spezifiziert.

1.13   Zusammenfassung

Ein Thermodynamiker betrachtet Systeme – definierte Bereiche im Universum. Die Thermodynamik beschreibt den Zustand dieser Systeme mit Zustandsgrößen und erfindet auch neue Zustandsgrößen (Enthalpie, Entropie und freie Enthalpie).

Die Änderung von Zuständen nennt der Thermodynamiker „Prozess".

Ein Prozess wird beschrieben durch „Δ-Größen" $- \Delta T$, Δp usw. und durch die Prozessgrößen Wärme q und Arbeit w, die wegabhängig sind.

Wir müssen daher immer den Weg angeben.

Wichtige Gleichungen sind die GIBBS'sche Phasenregel,

$$F = C - P + 2 \tag{1.29}$$

die Gleichung zur Berechnung der sensiblen Wärme

$$q_{sen} = C \Delta T \tag{1.30}$$

und die Gleichungen zur Berechnung der elektrischen Arbeit und der (Druck-) Volumen-Arbeit.

$$w_{el} = U \cdot I \cdot t \tag{1.31}$$

$$w_{pV} = -p \Delta V \tag{1.32}$$

1.14   Testfragen

1. In einem Behälter befinden sich 1 kg Eis, 1 kg Wasser und 10 g Wasserdampf im Gleichgewicht. Wie viele Freiheitsgrade hat das System?

2. Das Gas in einer Luftpumpe (= System) wird isotherm reversibel komprimiert. Welche Vorzeichen ergeben sich für die Prozessgrößen w und q?

3. 1 L Wasser (= System) wird in einem Wasserkocher von 20 °C auf 100 °C erhitzt. Welche Vorzeichen haben die Prozessgrößen Wärme q und Arbeit w?

4. Die Knallgasreaktion ($2\,H_2 + O_2 \rightarrow 2\,H_2O$) wird bei konstanter Temperatur und konstantem Druck zweimal durchgeführt.
   Die Reaktion erfolgt in einem Fall spontan (Knallgasbrenner) und die Wärme q_p wird frei; im anderen Fall reversibel (Brennstoffzelle) und die Wärme q_{rev} wird frei.
   Markieren Sie die richtige(n) Antwort(en).
   a. $q_{rev} = q_p$
   b. $|q_{rev}| < |q_p|$
   c. $|q_{rev}| > |q_p|$
   d. $q_{rev} < 0$

5. 1 mol Kohlendioxid-Gas (= System) wird – ausgehend von Standardbedingungen – isobar bis zur kompletten Erstarrung abgekühlt. Welche Vorzeichen haben die Prozessgrößen Wärme q und Arbeit w?

1.15 Übungsaufgaben

1. Wie viel Wärme wird insgesamt benötigt, um bei 101,3 kPa 1 mol festes Wasser (Eis) von −25 °C in 1 mol gasförmiges Wasser (Wasserdampf) von 125 °C zu verwandeln?

   spezifische Wärmekapazitäten:
   $c_p(s) = 2{,}03\ kJ/(kg\ K)$; $c_p(l) = 4{,}18\ kJ/(kg\ K)$; $c_p(g) = 1{,}84\ kJ/(kg\ K)$
   molare Phasenumwandlungswärmen: $\Delta_{fus}H = 6{,}01\ kJ/mol$; $\Delta_{vap}H = 40{,}67\ kJ/mol$

2. Ein Polystyrolblock (2,00 kg, Temperatur 50,0 °C, $\langle c_p \rangle = 1{,}30\frac{kJ}{kg\,°C}$) wird unter isobaren Bedingungen in ein Wasserbad (10,0 kg, Temperatur 20,0 °C, $\langle c_p \rangle = 4{,}18\frac{kJ}{kg\,°C}$) gegeben. Nach einiger Zeit hat sich das thermische Gleichgewicht eingestellt.

   Berechnen Sie die ausgetauschte Wärme q.

3. Abb. 1.9 zeigt das Phasendiagramm von Kohlendioxid. Markieren Sie darin folgenden Prozess:

   Kohlendioxid-Gas wird – ausgehend von Standardbedingungen – isotherm durch Kompression komplett verflüssigt.

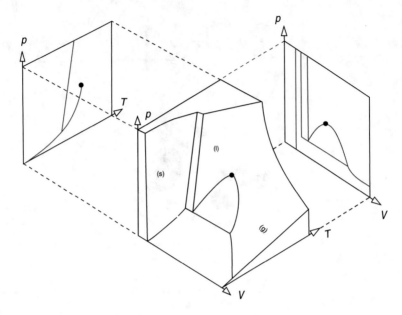

Abb. 1.9 $p\overline{V}T$-Zustandsdiagramm von Kohlendioxid und Projektion auf die pT- und $p\overline{V}$-Ebene((CO$_2$), Einkomponentensystem) (s): fest; (l): flüssig; (g): gasförmig

Gase

2

2.1 Motivation

Gase spielen in der Natur und in der Technik eine wichtige Rolle.

Wie können wir Gase sowohl makroskopisch als auch mikroskopisch – d. h. von der Modellvorstellung her – beschreiben und verstehen (Abb. 2.1)?

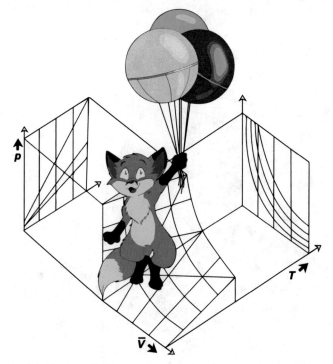

Abb. 2.1 Wie können wir gasförmige Systeme makroskopisch und mikroskopisch beschreiben? (https://doi.org/10.5446/40349)

© Der/die Autor(en), exklusiv lizenziert durch Springer-Verlag GmbH, DE, ein Teil von Springer Nature 2022
J. „SciFox" Lauth, *Physikalische Chemie kompakt,*
https://doi.org/10.1007/978-3-662-64588-8_2

2.2   Wo finden wir „ideale" und „reale" Gase im Zustandsdiagramm?

Wir starten das Thema „Gase" mit dem Phasendiagramm eines Reinstoffes (Abb. 2.2) – unserem roten Faden durch einen Großteil der Thermodynamik.

Wo finden wir hier den gasförmigen Zustand, speziell den Zustand des sogenannten „idealen Gases"?

Ideale Gase sind solche Gase, deren Zustand sich im gebührenden Abstand befindet vom kritischen Punkt – wir finden diese im Bereich hoher Temperaturen und großer Molvolumina auf der Phasenfläche.

In diesem Bereich ist die Zustandsfläche stetig gekrümmt und sie lässt sich sehr leicht beschreiben, nämlich durch die ideale Gasgleichung. Wenn wir zu realen Gasen übergehen – also Gase in der Nähe ihres kritischen Punktes –, müssen wir Abweichungen von diesem idealen Verhalten berücksichtigen.

Im Gegensatz zu idealen Gasen können reale Gase durch Anwendung eines entsprechend hohen Druckes verflüssigt werden.

Wir zoomen zum Bereich des idealen Gases im Zustandsdiagramm (Abb. 2.3).

Diese Fläche wird mathematisch durch die ideale Gasgleichung sehr gut beschrieben.

$$p = \frac{RT}{\overline{V}} \tag{2.1}$$

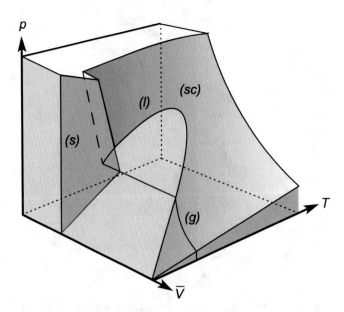

Abb. 2.2 $p\overline{V}T$-Zustandsdiagramm von Wasser (H_2O, Einkomponentensystem); (s): fest; (l): flüssig; (g): gasförmig; (sc): überkritisch

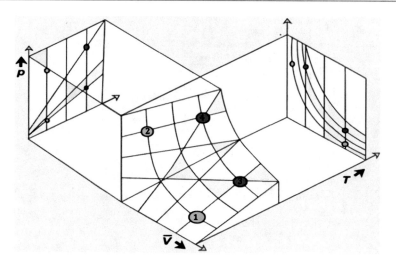

Abb. 2.3 p$\overline{\text{V}}$T-Zustandsdiagramm eines idealen Gases

Die ideale Gasgleichung ist hier nach dem Druck aufgelöst; mathematisch stellt sie eine Funktion von zwei Variablen dar. Da der Druck eine Zustandsgröße ist, existiert ein totales Differenzial dieser Funktion. Näheres finden wir in Lehrbüchern der Mathematik.

2.3 Wie verhalten sich Gase bei Volumenänderung?

Das ideale Gasgesetz hat eine lange Geschichte.

Im 17. Jahrhundert untersuchten mehrere Wissenschaftler die Kompressibilität von Gasen; also das Verhalten eines Gases bei Veränderung des Volumens.

Es stellte sich heraus, dass das Verhalten von allen Gasen in dieser Hinsicht sehr einfach ist: Druck und Volumen sind umgekehrt proportional – eine Halbierung des Volumens bedeutet eine Verdoppelung des Drucks (vorausgesetzt, der Prozess ist isotherm, d. h. die Temperatur ist beim Anfangs- und Endzustand identisch, Abb. 2.4).

$$p_i \cdot V_i = p_f \cdot V_f \qquad (2.2)$$

Das ist das **Boyle-Mariotte'sche Gesetz.** Im Zustandsdiagramm in Abb. 2.3 besitzen die mit hellen Punkten markieren Zustände (1) und (2) identische Temperatur. Eine Isotherme verbindet diese Zustände, gehorcht dem Boyle-Mariotte'schen Gesetz und entspricht einer Hyperbel.

Die mit dunklen Punkten gekennzeichneten Zustände (3) und (4) liegen auf einer anderen Isotherme (Hyperbel) bei einer höheren Temperatur.

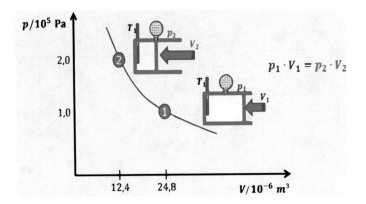

Abb. 2.4 BOYLE-MARIOTTE'sche Isotherme

2.4 Wie verhalten sich Gase bei Temperaturänderung?

Was passiert, wenn wir die Temperatur eines Gases erhöhen oder erniedrigen?

Auch hier lässt sich das Verhalten aller idealen Gase sehr einfach beschreiben: Volumen und absolute Temperatur sind proportional – wenn wir die Temperatur um 10 % erhöhen, erhöht sich auch das Volumen um 10 % (vorausgesetzt, der Prozess ist isobar, d. h. der Druck ist beim Anfangs- und Endzustand identisch, Abb. 2.5). Es gilt das **CHARLES'sche Gesetz.**

$$\frac{V_i}{T_i} = \frac{V_f}{T_f} \tag{2.3}$$

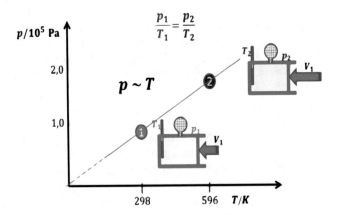

Abb. 2.5 GAY LUSSAC'sche Isochore

Analog sind auch Druck und Temperatur proportional, wenn der Prozess isochor verläuft (konstantes Volumen). Es gilt das **GAY-LUSSAC'sche Gesetz.**

$$\frac{p_i}{T_i} = \frac{p_f}{T_f} \tag{2.4}$$

Isobaren und Isochoren sind Geraden im Zustandsdiagramm. Die Zustände (1) und (3) in Abb. 2.3 liegen auf einer Isochore, die Zustände (2) und (4) in Abb. 2.3 liegen auf einer Isobare.

2.5   Wie verhalten sich Gase bei Stoffmengenänderung?

Der Einfluss der Stoffmenge auf das Volumen ist bei Gasen wie bei jedem anderen Stoff sehr einfach: Je größer die Stoffmenge, desto größer das Volumen – es existiert eine direkte Proportionalität. Bei Gasen kommt jedoch dazu, dass das molare Volumen (oder Molvolumen) $\overline{V}$ für alle Gase identisch ist.

$$\frac{V}{n} = \overline{V} = const. \tag{2.5}$$

Dies wurde von **AVOGADRO** in seiner **Hypothese** so formuliert: Gleiche Mengen Gas nehmen gleiche Volumina ein (Voraussetzung: gleiche Temperatur und gleicher Druck).

Wir können uns merken, dass das Volumen eines beliebigen Gases bei Standardbedingungen (STP) 22,4 L beträgt.

$$\overline{V} = (22{,}4\,\text{L})_{100\,\text{kPa};\,0°\,\text{C}} \tag{2.6}$$

Standardbedingungen wurden von der IUPAC als 0 °C und 100 kPa definiert und werden oft mit dem Index ° abgekürzt.

2.6   Wie beschreiben wir den Zustand eines idealen Gases?

Wenn wir alle Gesetze für ideale Gase zusammenfassen, kommen wir zum **idealen Gasgesetz,** welches die in Abb. 2.3 gezeigte Zustandsfläche sehr gut mathematisch abbildet:

$$p = \frac{RT}{\overline{V}} \tag{2.7}$$

oder umgestellt:

$$pV = nRT \tag{2.8}$$

Die ideale Gaskonstante ist für alle Gase gleich:

$$R = 8{,}314\,\frac{\text{J}}{\text{mol K}} \tag{2.9}$$

Die Einheit Joule können wir als Produktcscal formulieren

$$R = 8{,}314 \; \frac{\text{L kPa}}{\text{mol K}} \tag{2.10}$$

2.7   Wie beschreiben wir eine Gasmischung?

Das ideale Gasgesetz gilt für alle Gase und auch für Gasmischungen. Trockene Luft ist eine Gasmischung von 78 Mol-% Stickstoff, 21 Mol-% Sauerstoff und 1 Mol-% Argon; die Komponenten der Luft werden in Abb. 2.6 durch verschiedene Symbole dargestellt.

In einer Gasmischung können wir mit einem üblichen Manometer den Gesamt-druck messen. Zum Gesamtdruck tragen alle Komponenten des Gases bei. Der Gesamtdruck beträgt in unserem Beispiel 100 kPa.

Auf **DALTON** geht die Vorstellung zurück, jeder Komponente i einen sog. **Partialdruck** p_i zuzuweisen. p_i ist der Druck, der herrschen würde, wenn man alle Komponenten bis auf die Komponente i wegnimmt.

Der Partialdruck kann nach DALTON sehr einfach aus dem Molenbruch y (Stoff-mengenanteil) der Gaskomponenten berechnet werden.

$$p_i = y_i \, p_{total} \tag{2.11}$$

Sauerstoff besitzt in Luft einen Molenbruch von 0,21, demnach ist sein Partial-druck 21 % vom Gesamtdruck, also 21 kPa. Folglich hat Stickstoff in unserem Beispiel einen Partialdruck von 78 kPa.

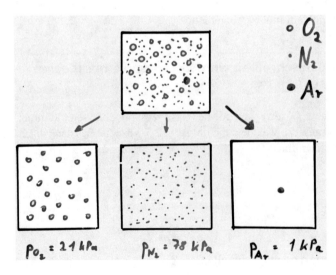

Abb. 2.6 Gasmischung zur Verdeutlichung des Konzepts des Partialdruckes nach DALTON

Die Messung des Partialdrucks erfordert selektive Drucksonden. Beispielsweise ist die Lambda-Sonde eine selektive Sonde für Sauerstoff.

Die Partialdrücke addieren sich zum Gesamtdruck. Die Partialdrücke der Bestandteile der Luft ergänzen sich in unserem Beispiel zu 100 kPa.

$$p_{total} = \sum_i p_i \tag{2.12}$$

Luft enthält üblicherweise auch zwischen 0 und 2 Mol-% Wasserdampf (bei 20 °C). Dies bedeutet, der Partialdruck von Wasser in feuchter Luft liegt zwischen 0 und 2 kPa.

2.8 Welche Energie besitzen Gasteilchen?

Wir schauen uns ein Gas mikroskopisch an. Die von MAXWELL und BOLTZMANN entwickelte kinetische Gastheorie geht davon aus, dass Gase kleine Teilchen sind, die sich sehr schnell bewegen.

Das Volumen der Teilchen ist klein im Vergleich zum Gesamtvolumen des Gases.

Die Geschwindigkeit der Teilchen ändert sich ständig, je nachdem, wie oft sie mit anderen Gasteilchen oder mit der Wand zusammenstoßen (Abb. 2.7).

Ausgehend von diesen Modellvorstellungen konnten MAXWELL und BOLTZMANN berechnen, dass die Temperatur eines Gases mikroskopisch in der Translations-bewegung der Teilchen steckt. $\langle U_{trans} \rangle$ ist die mittlere kinetische Energie der Teil-chen, die mit der Fortbewegung im Raum (Translation) verknüpft ist. Sie ist das mikroskopische Äquivalent zur makroskopischen Größe der Temperatur.

$$\langle U_{trans} \rangle = \frac{3}{2}RT \tag{2.13}$$

Wenn wir für ein beliebiges Gas (z. B. Argon) diese Energie bei Raumtemperatur (20 °C) ausrechnen, erhalten wir einen Wert von.

Abb. 2.7 Unterschiedliche Gase bei gleicher Temperatur und gleichem Druck

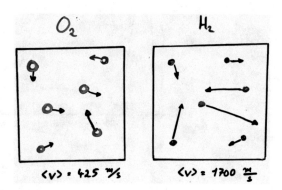

$$\langle U_{trans} \rangle = \frac{3}{2} \, 8{,}314 \, \frac{J}{molK} \, 273 \, K = 3{,}4kJ/mol \qquad (2.14)$$

Das ist die **thermische Energie,** die in einem Mol Argon steckt und natürlich auch in jedem Mol eines anderen Gases, denn in der Gleichung kommt keine stoffspezifische Größe vor – es gibt nur die Temperatur als Parameter.

Die Größenordnung der thermischen Energie sollten wir auswendig kennen, vor allem, um sie mit anderen wichtigen Energien vergleichen zu können.

Die Energie, die zum Verdampfen von Wasser notwendig ist, liegt mit 40 kJ/mol etwa 10-mal höher als die thermische Energie bei STP; die Energie, die zum Spalten der O–H-Bindung notwendig ist, liegt um den Faktor 100 höher.

2.9   Welche Geschwindigkeit besitzen Gasteilchen?

Die kinetische Gastheorie nach MAXWELL und BOLTZMANN liefert für die **Geschwindigkeitsverteilung** in einem Gas folgende Beziehung:

$$F(v) = 4\pi \left(\frac{M}{2\pi RT} \right)^{1,5} v^2 e^{\left(\frac{Mv^2}{2RT} \right)} \qquad (2.15)$$

Diese Verteilungsfunktion ist es wert, dass wir sie uns etwas näher anschauen (Abb. 2.8 und 2.9).

Auf der x-Achse ist die Geschwindigkeit der Gasteilchen aufgetragen und auf der y-Achse eine Maßzahl für die Häufigkeit. Die Kurve ist nicht symmetrisch, daher liegt die **mittlere Geschwindigkeit** $\langle v \rangle$ etwas rechts vom Maximum. $\langle v \rangle$ lässt sich berechnen aus der Temperatur und der Molmasse.

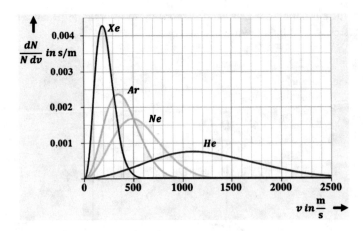

Abb. 2.8 MAXWELL-BOLTZMANN'sche Geschwindigkeitsverteilung für mehrere Edelgase bei 298 K

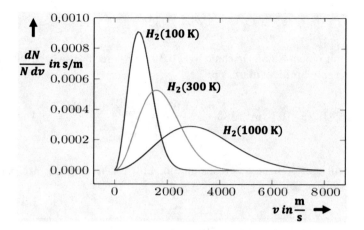

Abb. 2.9 MAXWELL-BOLTZMANN'sche Geschwindigkeitsverteilung für Wasserstoff bei verschiedenen Temperaturen

$$v = \sqrt{\frac{8RT}{\pi M}} \tag{2.16}$$

Je höher die Temperatur und je kleiner die Molmasse, desto schneller ist im Mittel ein Teilchen. Für Argon beträgt $\langle v \rangle$ bei Standardbedingungen 380 m/s.

$$\langle v \rangle = \sqrt{\frac{8RT}{\pi M}} = \sqrt{\frac{8 \cdot 8{,}314 \frac{J}{mol\,K} \cdot 273 \text{ K}}{\pi \; 0{,}040 \frac{kg}{mol}}} = 380 \; \frac{m}{s} \tag{2.17}$$

Wasser als leichteres Teilchen besitzt in der Gasphase bei der gleichen Temperatur eine deutliche höhere Geschwindigkeit als Argon.

2.10 Wie häufig kollidieren Gasteilchen?

Gasteilchen sind für makroskopische Verhältnisse sehr schnell. Allerdings bewegen sie sich in einem Gas nicht sehr weit, weil sie sehr häufig mit anderen Teilchen zusammenstoßen. Auch diese Kollisionen werden von der kinetischen Gastheorie nach MAXWELL und BOLTZMANN quantifiziert.

Die Gasteilchen stoßen mit der Wand zusammen – das ist die molekulare Ursache für den Druck. Mit der folgenden Formel können wir die Frequenz der Wandstöße berechnen.

$$z_w = \frac{1}{4} \; v \; \frac{N_A \, p}{RT} \tag{2.18}$$

Für die Berechnung der Frequenz der intermolekularen Zusammenstöße ist ein Stoßquerschnitt σ notwendig, der die Sperrigkeit eines Teilchens quantifiziert.

$$z = \sqrt{2}\sigma \; v \; \frac{N_A p}{RT} \tag{2.19}$$

Für Argon mit einem Stoßquerschnitt von 0,36 nm² berechnen wir bei Standardbedingungen eine **Stoßfrequenz** von:

$$\langle z \rangle = \sqrt{2} \cdot 0,36 \cdot 10^{-18} \mathbf{m}^2 \cdot 380 \frac{\mathbf{m}}{\mathbf{s}} \cdot \frac{6,02 \cdot 10^{23} \frac{1}{\text{mol}} \cdot 100\mathbf{kPa}}{8,314 \frac{\mathbf{J}}{\text{mol}\,\mathbf{K}} \cdot 273\mathbf{K}} = 5,1 \cdot 10^9 \frac{1}{\mathbf{s}} \tag{2.20}$$

Ein Argonteilchens stößt in einer Sekunde in Luft mit mehr als 5 Mrd. anderen Gasteilchen zusammen!

2.11   Welche Distanz legen Gasteilchen zwischen zwei Zusammenstößen zurück?

Ein Argonteilchen in der Luft ist etwa 400 m/s schnell und erleidet pro Sekunde ca. 5 Mrd. Zusammenstöße. Wir können diese beiden Größen in Relation setzen und erhalten die sog. **mittlere freie Weglänge** $\langle \lambda \rangle$

$$\lambda = \frac{v}{z} = \frac{RT}{N_A \sqrt{2}\sigma p} \tag{2.21}$$

Diese wichtige Kenngröße gibt an, wie weit sich ein Teilchen fortbewegt, bevor es in einem anderen Teilchen zusammenstößt. Bei Argon beträgt diese Kenngröße

$$\lambda = \frac{380 \frac{m}{s}}{5,1 \cdot 10^9 \frac{1}{s}} = 75 \, \mathbf{nm} \tag{2.22}$$

75 nm ist kleiner als die Wellenlänge von Licht (Wellenlänge von gelbem Licht: 590 nm).

Die mittlere freie Weglänge hängt sehr stark vom Druck ab, wir wie leicht aus Gl. 2.21 sehen können. Bei sehr niedrigem Druck liegt die mittlere freie Weglänge in der gleichen Größenordnung wie die Behälterabmessungen (1 m). Dies ist für die Vakuumtechnik wichtig, z. B. für Massenspektrometer.

2.12   Wie beschreiben wir Abweichungen vom idealen Verhalten?

Wir erinnern uns an die Prämissen der kinetischen Gastheorie: Die Teilchen sind sehr klein und haben keine Anziehungskräfte aufeinander.

Dies gilt im Bereich des idealen Gases, wenn die Temperatur hoch ist und das Volumen groß ist. Wenn wir aber das Gas abkühlen und/oder sein Volumen kleiner

Abb. 2.10 Isothermen von
CO_2 ober- und unterhalb des
kritischen Punktes (mit sog.
VAN-DER-WAALS-Schleife
unterhalb T_c)

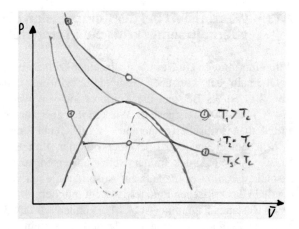

werden lassen, dann kommen zusehends die Eigenvolumina der Teilchen und auch
die Anziehungskräfte der Teilchen ins Spiel und dann verhält sich ein Gas nicht
mehr ideal.

VAN DER WAALS hat diese Abweichungen vom Idealverhalten quantifiziert; er
hat die ideale Gasgleichung modifiziert und um zwei Korrekturfaktoren erweitert
(Abb. 2.10).

$$\left(p + \frac{a}{\overline{V}^2}\right)(\overline{V} - b) = RT \qquad (2.23)$$

Der Faktor a ist ein Maß für die Anziehungskräfte der Teilchen. Der sogenannte
„Binnendruck" $\frac{a}{\overline{V}^2}$ wird zum realen Druck addiert, denn der gemessene Druck p
ist kleiner als der ideale Druck.

Der Faktor b heißt **„Kovolumen"** und ist ein Maß für das Eigenvolumen der
Teilchen; b wird vom gemessenen Volumen abgezogen, weil das ideale Volumen,
das den Teilchen zur Verfügung steht, kleiner ist als das reale Volumen. Beim
idealen Gas sind natürlich sowohl a als auch b gleich 0.

Wenn wir die realen Gase Argon und Wasser vergleichen (siehe Anhang), hat
Wasser einen vierfach so großen Binnendruck-Faktor a wie Argon ($554\frac{\text{kPa L}^2}{\text{mol}^2}$ im
Vergleich zu $138\frac{\text{kPa L}^2}{\text{mol}^2}$); in Wasser wirken also deutlich größere intermolekulare
Anziehungskräfte.

Bezüglich des Kovolumens b bestehen zwischen den beiden Teilchen hingegen
kaum Unterschiede ($0{,}031\frac{\text{L}}{\text{mol}}$ für Wasser und $0{,}032\frac{\text{L}}{\text{mol}}$ für Argon).

Die **VAN-DER-WAALS-Faktoren** a und b können wir aus den kritischen Größen
erhalten. Tatsächlich verhält sich ein „VAN-DER-WAALS-Gas" am kritischen Punkt
nur noch zu drei Achteln ideal.

$$p_c\overline{V}_c = \frac{3}{8}RT_c \qquad (2.24)$$

2.13 Was passiert bei der Kompression eines Gases oberhalb seiner kritischen Temperatur?

Wir komprimieren ein Gas oberhalb seiner kritischen Temperatur.

Oberhalb der kritischen Temperatur gibt es keine Zweiphasengebiete. In Abb. 2.11 ist als Beispiel die Kompression von Wasserdampf (krit. Temperatur: 374 °C) bei 400 °C dargestellt. Wir könnten aber auch ein sog. „permanentes Gas" wie Methan (kritische Temperatur: −82,6 °C) bei Raumtemperatur komprimieren.

In jedem Fall wird bei der überkritischen Kompression die Dichte des Gases genau wie sein Druck immer weiter ansteigen, aber sonst passiert nichts. Insbesondere kommt es niemals zur Ausbildung einer weiteren Phase. Verflüssigung oberhalb des kritischen Punktes ist nicht möglich.

Im Zustandsdiagramm (Abb. 2.11) können wir das Experiment durch eine Linie zwischen Punkt (i) und Punkt (f) darstellen. (i) steht für „initial state", (f) für „final state". Wir bewegen uns entlang einer Isotherme von (i) nach (f).

2.14 Was passiert bei der Kompression eines Gases unterhalb seiner kritischen Temperatur?

Nun wiederholen wir den Versuch unterhalb des kritischen Punktes. Wir können Wasserdampf bei 200 °C komprimieren (siehe Abb. 2.12) oder Butan bei Raumtemperatur (C_4H_{10} besitzt einen kritischen Punkt bei etwa 152 °C).

Zunächst verläuft die Kompression ähnlich wie bei ersten Experiment – Dichte und Druck steigen an. Ab einem bestimmten Volumen sind die Teilchen aber so dicht gepackt, dass ihre Anziehungskräfte dazu führen, dass das Gas kondensiert, und es bilden sich erste Flüssigkeitstropfen.

Danach können wir weiter komprimieren, aber der Druck bleibt konstant, das bedeutet: Wir komprimieren isobar. Erst wenn alles Gas zur Flüssigkeit geworden ist, dann steigt der Druck wieder an.

Abb. 2.11 Isotherme Kompression von Wasserdampf oberhalb des kritischen Punktes

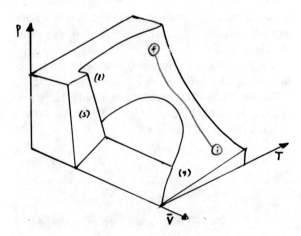

Abb. 2.12 Isotherme
Kompression eines Gases
unterhalb des kritischen
Punktes

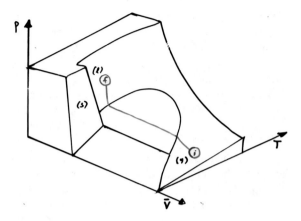

Im Zustandsdiagramm (Abb. 2.12) sieht das so aus, dass zunächst, von (i) ausgehend, der Druck ansteigt, dann schneidet die Isotherme die Binodale [hier: Taulinie], und dann bewegt sich das System auf einer Konode durch den zwei-phasigen Bereich. Auf der Konode sind die Temperatur konstant und der Druck konstant, nur das Volumen vermindert sich. Dann erreichen wir den Schnittpunkt mit der anderen Binodalen [hier: Siedelinie] und schließlich steigt der Druck sehr stark an bis zum Endzustand (f).

2.15   Was passiert bei der Annäherung an den kritischen Punkt?

Ein weiteres Experiment soll die Annäherung an den kritischen Punkt verdeut-lichen (Abb. 2.13):

Abb. 2.13 Isochore
Erwärmung eines
Zweiphasensystems bis zum
kritischen Punkt

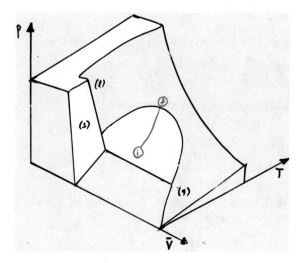

Wir nehmen einen leeren evakuierten Behälter mit 56 mL Volumen und füllen 18 g Wasser, also 1 mol, hinein. Wir erwärmen das System auf 100 °C. Wir beobachten einen Druck von 100 kPa und zwei Phasen: eine dichtere Phase, die Flüssigkeit (Dichte ca. 960 g/L), und eine weniger dichte Phase, die Gasphase (Dichte ca. 0,6 g/L).

Wir erwärmen dieses Zweiphasensystem weiter auf 200 °C, erhöhen damit den Druck auf 1,5 MPa und behalten weiterhin zwei Phasen – die flüssige Phase ist jetzt allerdings weniger dicht als bei 100 °C, die gasförmige Phase deutlich dichter als bei 100 °C.

Gasförmige und flüssige Phase nähern sich also aneinander an, nicht nur hinsichtlich der Dichte, hinsichtlich jeder Eigenschaft. Wir erhöhen weiter die Temperatur und bei 544 K (374 °C) und 22 MPa verschwindet die Trennungslinie zwischen Flüssigkeit und Gas. Wir haben den kritischen Punkt erreicht. Abb. 2.13 zeigt diesen isochoren Prozess der Annäherung an den kritischen Punkt.

2.16 Zusammenfassung

Diese Gleichungen und Zusammenhänge sollten wir erinnern:
das ideale Gasgesetz:

$$p\,V = n\,R\,T \tag{2.25}$$

das DALTON'sche Partialdruckgesetz:

$$p_i = y_i\,p_{total} \tag{2.26}$$

$$p_{total} = \sum_i p_i \tag{2.27}$$

die MAXWELL-BOLTZMANN-Theorie mit der Geschwindigkeitsverteilung und der mittleren Geschwindigkeit:

$$\langle v \rangle = \sqrt{\frac{8\,R\,T}{\pi\,M}} \tag{2.28}$$

die mittlere Energie:

$$\langle U_{trans} \rangle = \frac{3}{2}RT \qquad (2.29)$$

die mittlere freie Weglänge:

$$\langle \lambda \rangle = \frac{RT}{N_A \sqrt{2}\,\sigma\, p} \qquad (2.30)$$

und last but not least die **VAN-DER-WAALS**'sche Gleichung,

$$\left(p + \frac{a}{\overline{V}^2}\right)(\overline{V} - b) = RT \qquad (2.31)$$

die Abweichungen vom idealen Verhalten beschreibt und erklärt, dass am kritischen Punkt ein Gas nur noch zu drei Achteln ideal ist.

$$p_c \overline{V}_c = \frac{3}{8}RT_c \qquad (2.32)$$

2.17 Testfragen

1. Ein Luftballon ist bei 25 °C mit 1 L Luft gefüllt. Der Ballon wird 10 m unter Wasser getaucht. Wie groß ist sein Volumen jetzt?
   a) 1,0 L
   b) 0,5 L
   c) 0,25 L
   d) 0,1 L

2. Luft besteht zu 21 Mol-% aus Sauerstoff (O_2) und zu 78 Mol-% aus Stickstoff (N_2). Ein Mol Luft liegt bei Standardbedingungen (0,0 °C, 100 kPa) vor.
   Welche Aussage(n) sind korrekt?
   a) Dichte = 1,3 g/L
   b) Volumen = 22,4 L
   c) Thermische Energie = 3,4 J
3. Trockene Luft besteht zu 21 Mol-% aus Sauerstoff (O_2), zu 78 Mol-% aus
   Stickstoff (N_2) und zu etwa 1 Mol-% aus Argon.
   Ein Mol Luft liegt bei Standardbedingungen (0,0°C, 100 kPa) vor.
   Welche Aussage(n) sind korrekt?
   a) Ar und O_2 besitzen die gleiche mittlere Geschwindigkeit.
   b) O_2 ist (im Mittel) schneller als N_2.
   c) Ar und O_2 besitzen die gleiche mittlere Energie.
   d) Ar ist (im Mittel) am langsamsten.
4. Welche Aussagen treffen für die Argon-Atome in Luft bei Standardbedingungen zu?
   a) mittlere Geschwindigkeit ~1375 km/h
   b) mittlere freie Weglänge ~0,075 µm
   c) mittlere Stoßfrequenz ~1000 MHz
   d) mittlere Translations-Energie ~0,35 eV (34 kJ/mol)
5. Welche Aussagen gelten für ein überkritisches Fluid?
   a) Die Oberflächenspannung ist null.
   b) Durch starke Kompression kommt es zur Ausbildung von zwei Phasen
      (flüssig/gasförmig).
   c) Die Verdampfungswärme ist null.
   d) Die Isotherme im pV-Diagramm zeigt Knicke (= Punkte, an denen die
      Kurve nicht differenzierbar ist).
6. Welche Gase gehören zu den „?"-Kurven in Abb. 2.14?

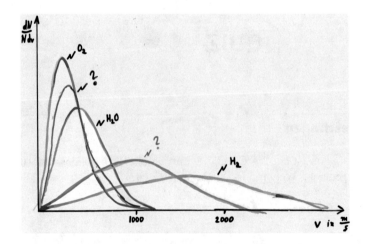

Abb. 2.14 MAXWELL-BOLTZMANN'sche Geschwindigkeitsverteilung für mehrere Gase bei 298 K

Linke Kurve (rot) entspricht

- Helium (He)
- Neon (Ne)
- Argon (Ar)
- Stickstoff (N_2)
- Fluor (F_2)
- Methan (CH_4)

Rechte Kurve (grün) entspricht

- Helium (He)
- Neon (Ne)
- Argon (Ar)
- Stickstoff (N_2)
- Fluor (F_2)
- Methan (CH_4)

2.18 Übungsaufgaben

1. In einem Hörsaal ($V = 1000$ m^3) beträgt die relative Luftfeuchtigkeit 50,0 %. Die Temperatur beträgt 20,0 °C und der Gesamtdruck 100 kPa. Der Dampfdruck von Wasser beträgt bei 20,0 °C 2,34 kPa (entspricht 100 % Luftfeuchtigkeit oder Sättigung).
Wie viel gasförmiges Wasser befinden sich in der Luft des Hörsaals?

2. Der Zustand eines Gases wurde untersucht:
   Masse 6,00 g
   Volumen 2,00 L
   Druck 123 kPa
   Temperatur 18,0 °C
   Berechnen Sie die Stoffmenge des Gases sowie dessen Molvolumen und
   Molmasse.
3. Ein Mol eines Gases mit der Molmasse $M = 83,0$ g/mol besitzt die Temperatur
   $T = 83,0$ °C und den Druck $p = 101$ kPa.
   Wie ist die mittlere Energie (thermische Energie, Translationsenergie) des
   Gases und wie schnell sind die Gasteilchen (mittlere Geschwindigkeit)?

Thermisches Gleichgewicht

3

3.1 Motivation

Spontane Prozesse laufen nur in Richtung Gleichgewicht ab (Abb. 3.1). Aber wo liegt dieses Gleichgewicht und wie schnell können wir es erreichen? Und können wir vielleicht noch Arbeit auf dem Weg dorthin gewinnen, wie es zum Beispiel ein Stirling-Motor tut?

Abb. 3.1 Wie schnell gelangen wir ins Gleichgewicht und wie viel Arbeit können wir dabei gewinnen? (https://doi.org/10.5446/40351)

© Der/die Autor(en), exklusiv lizenziert durch Springer-Verlag GmbH, DE, ein Teil von Springer Nature 2022
J. „SciFox" Lauth, *Physikalische Chemie kompakt,*
https://doi.org/10.1007/978-3-662-64588-8_3

3.2   Wo liegt das Gleichgewicht und wie weit sind wir davon entfernt?

Ist unser System im Gleichgewicht? Und wenn nicht, wie groß ist der Abstand vom Gleichgewicht?

Gleichgewicht ist ein ganz essenzieller Begriff in der Thermodynamik. Gleichgewicht liegt dann vor, wenn in unserem System zeitlich keine Änderung mehr erfolgen.

Am einfachsten zu beschreiben sind Temperatur- und Konzentrationsgleichgewichte. Das System in Abb. 3.2 oben links – bestehend aus zwei verbundenen Teilsystemen (1) und (2) – ist offenbar nicht im thermischen Gleichgewicht: im linken Teilsystem herrscht eine höhere Temperatur als im rechten Teilsystem.

Erst nach einer gewissen Zeit – im Gleichgewicht – hat sich eine einheitliche Temperatur eingestellt (oben rechts).

Die Gleichgewichtsbedingung lautet in diesem Fall:

$$T_{1,eq} = T_{2,eq} \tag{3.1}$$

In allen Teilsystemen muss die Temperatur identisch sein. Der Temperaturunterschied ΔT zwischen den Teilsystemen im linken Bild ist ein Maß für den Abstand vom Gleichgewicht.

Das System links in der Mitte von Abb. 3.2 besitzt eine einheitliche Temperatur und ist trotzdem nicht im Gleichgewicht, denn im linken Teilsystem herrscht eine höhere Konzentration als im rechten Teilsystem. Das Gleichgewicht ist hier über die Bedingung: „überall gleiche Konzentration" definiert.

$$c_{1,eq} = c_{2,eq} \tag{3.2}$$

Der Konzentrationsunterschied Δc im Anfangszustand (zwei verbundene Teilsysteme (1) und (2)) ist ein Maß für den Abstand vom Gleichgewicht.

Wir können chemische Gleichgewichte (Abb. 3.2 unten) ganz ähnlich diskutieren. Die beiden „Teilsysteme" (1) und (2) sind hier die Edukte und die Produkte. Hier lautet die Gleichgewichtsbedingung: Edukte und Produkte besitzen gleiches chemisches „Potenzial".

$$\mu_{1,eq} = \mu_{2,eq} \tag{3.3}$$

Wir werden chemische Gleichgewichte in den nächsten beiden Kapiteln vertiefen. Im Folgenden wollen wir zunächst nur physikalische (also Temperatur- und Konzentrations-)gleichgewichte diskutieren.

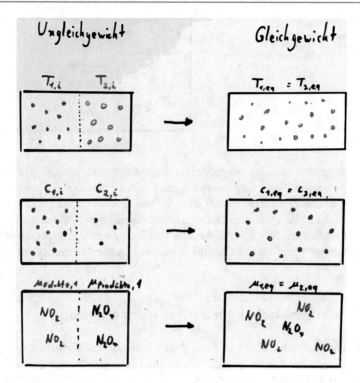

Abb. 3.2 Ungleichgewicht und Gleichgewicht (thermisches Gleichgewicht, Konzentrations-gleichgewicht, chemisches Gleichgewicht)

3.3 Wie schnell geht ein System durch Konduktion ins Gleichgewicht?

Wenn in einem System unterschiedliche Temperaturen vorliegen (Abb. 3.3), wird dadurch ein Wärmetransport provoziert. Es ist ein passiver Energietransport ohne äußere Strömung – wir sprechen hier von **Wärmeleitung.**

Wenn in einem System unterschiedliche Konzentrationen vorliegen (Abb. 3.4), wird ein Massentransport (oder Stoffmengentransport) provoziert; wir sprechen hier von passivem Stofftransport oder **Diffusion.**

Sowohl Wärmeleitung als auch Diffusion sind passiv; man fasst sie unter dem Begriff Konduktion zusammen.

Abb. 3.3 Spontane Wärmeleitung von „warm" nach „kalt"

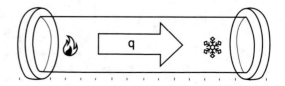

Abb. 3.4 Spontane Diffusion
von „konzentriert" nach
„verdünnt"

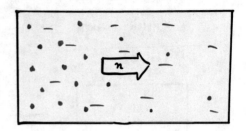

Aktive Transportprozesse, die mit einer Strömung verknüpft sind, bezeichnet man als Konvektion. Strömungsprozesse (man unterscheidet z. B. laminare und turbulente Strömung) sind in Natur und Technik überaus wichtig und werden daher ausführlich in speziellen Lehrveranstaltungen der Strömungslehre diskutiert. Wir wollen uns hier nur auf die passiven Transportvorgänge konzentrieren. Strömung schließen wir dabei vollkommen aus, es handelt sich immer um ruhende Fluide.

3.4　Wie schnell geht konduktiver Wärmetransport?

Die Wärmeleitung kann quantitativ durch die Gesetze von *Fourier* beschrieben werden.

Voraussetzung für Wärmeleitung ist ein Temperaturgradient im System (Abb. 3.5).

Im eindimensionalen Fall wird dieser Gradient durch die 1. Ableitung des Temperaturprofils beschrieben werden:

$$\frac{dT}{dx} \tag{3.4}$$
$$Gradient\ des\ Temperaturprofils$$

Abb. 3.5 Temperaturprofil
bei instationärer
Wärmeleitung

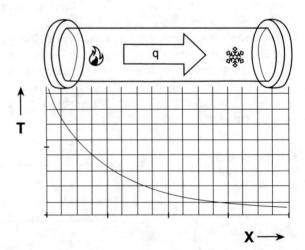

Die passiv transportierte Wärmemenge wird quantifiziert durch die Flussdichte – die Wärmemenge, die pro Sekunde durch eine Fläche fließt:

$$\frac{dq}{A\,dt} \tag{3.5}$$

Flussdichte der Wärme

Das **1. Fourier**'sche Gesetz beschreibt nun mathematisch, dass die Flussdichte dem Gradienten proportional ist.

$$\frac{dq}{A\,dt} = -\lambda\frac{dT}{dx} \tag{3.6}$$

λ ist der Wärmeleitfähigkeitskoeffizient und ist ein Maß dafür, wie gut oder schlecht ein ruhendes Medium die Wärme leitet. Metalle haben eine sehr hohe Wärmeleitfähigkeit; ruhende Flüssigkeiten und vor allem ruhende Gase leiten die Wärme sehr schlecht.

Je steiler der Gradient, desto größer der Wärmefluss. In Abb. 3.5 ist die Steigung links am größten – hier fließt am meisten Wärme.

Ist der Gradient gleich null, ist auch der Wärmefluss null (thermisches Gleichgewicht). In Abb. 3.5 ist der Wärmefluss nicht überall gleich; wir reden hier von instationärer Wärmeleitung, In diesem Fall ändert sich das Temperaturprofil im Laufe der Zeit.

3.5   Wie ändert sich das Temperaturprofil?

Bei instationärer Wärmeleitung weist das Temperaturprofil eine Krümmung auf, die durch die 2. Ableitung des Temperaturprofils beschrieben werden kann.

$$\frac{d^2T}{d\,x^2} \tag{3.7}$$

Krümmung des Temperaturprofils

In dem Fall kommt es im System zu Temperaturänderungen, die durch das **2. Fourier**'sche Gesetz beschrieben werden.

$$\frac{dT}{dt} = \frac{\lambda}{\varrho\,c_p}\frac{d^2T}{d\,x^2} \tag{3.8}$$

In Abb. 3.5 ist die Krümmung des Profils ungefähr in der Mitte am Größten – hier ändert sich die Temperatur zeitlich am stärksten. Am Rand des Temperaturprofils in Abb. 3.5 ist die Krümmung fast null – hier bleibt die Temperatur weitestgehend konstant.

3.6   Wie gut leitet ein (ruhendes) Gas die Wärme?

In ruhenden Gasen erfolgt der Wärmetransport durch Stöße – entsprechend kann die Wärmeleitfähigkeit von ruhenden Gasen mit der kinetischen Gastheorie erklärt werden.

$$\lambda = \frac{25\,\pi}{64}\,\overline{C_V}\,\langle\lambda\rangle\,\langle v\rangle\,\frac{n}{V} \tag{3.9}$$

Die Wärmeleitfähigkeit eines Gases hängt mit dessen mittlerer Geschwindigkeit $\langle v \rangle$ und mittlerer freien Weglänge $\langle \lambda \rangle$ zusammen. Kleine und leichte Gasmoleküle besitzen daher gesehen die größte Wärmeleitfähigkeit (Tab. 3.1).

Eine einfache Glühbirne kann als Wärmeleitfähigkeitsdetektor (WLD) angesehen werden: Je schlechter die Wärmeleitfähigkeit des Füllgases, desto heller leuchtet der Glühfaden auf. Dieses Phänomen wird zum Nachweis von Gasen, z. B. in Gaschromatographen, genutzt.

Gase sind also extrem schlechte Wärmeleiter – es sei jedoch noch einmal daran erinnert, dass wir bei unseren Betrachtungen Strömung völlig ausgeschlossen haben. In der Praxis leiten Gase die Wärme aufgrund von Konvektionsphänomenen deutlich besser. Wenn wir allerdings die Konvektion in Gasen verhindern (etwa durch Schaumbildung wie bei Styropor®), isolieren Gase tatsächlich thermisch sehr gut.

3.7   Wie schnell geht Diffusion?

Die quantitative Beschreibung der Diffusion erfolgt durch die FICK'schen Gesetze. Diese beschreiben die Flussdichte und die Konzentrationsänderung völlig analog zu den FOURIER'schen Gesetzen in Abhängigkeit von Steigung und Krümmung eines Profils. Ursache für eine Diffusion ist ein Konzentrationsgradient, im eindimensionalen Fall die Steigung des Konzentrationsprofils (Abb. 3.6)

$$\frac{dc}{dx} \tag{3.10}$$
Gradient des Konzentrationsprofils

Die Menge der passiv (ohne Strömung) transportierten Stoffmenge wird quantifiziert durch die Stoffmengenflussdichte:

$$\frac{dn}{A\,dt} \tag{3.11}$$
Flussdichte der Stoffmenge

Tab. 3.1 Wärmeleitfähigkeit einiger (ruhender) Gase

Gas (20 °C, 100 kPa)	Wärmeleitfähigkeit λ
Xenon (Xe)	$\lambda = 0{,}005\,\frac{W}{Km}$
Luft	$\lambda = 0{,}03\,\frac{W}{Km}$
Wasserstoff (H_2)	$\lambda = 0{,}18\,\frac{W}{Km}$

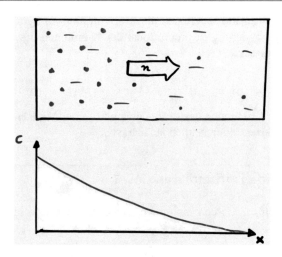

Abb. 3.6 Konzentrationsprofil bei instationärer Diffusion

Das **1. Fick'sche Gesetz** beschreibt nun mathematisch, dass die Flussdichte dem Gradienten proportional ist.

$$\frac{dn}{A\,dt} = -D\,\frac{dc}{dx} \tag{3.12}$$

Der Koeffizient D beschreibt die Diffusion in einem ruhenden Medium. Diese ist naturgemäß in einer Flüssigkeit deutlich langsamer als in einem Gas (Tab. 3.2).

Dort, wo das Konzentrationsprofil die größte negative Steigung hat (in Abb. 3.6 ganz links), diffundiert am meisten von links nach rechts.

3.8 Wie ändert sich das Konzentrationsprofil?

Bei instationärer Diffusion weist das Konzentrationsprofil eine Krümmung auf, die durch die 2. Ableitung des Temperaturprofils beschrieben werden kann

$$\frac{d^2c}{d\,x^2} \tag{3.13}$$
$$\textit{Krümmung des Konzentrationsprofils}$$

Tab. 3.2 Diffusionskonstanten in flüssigem, gasförmigem und festem Medium

Komponente/Medium	Diffusionskonstante D
Zucker/Wasser (20 °C)	$D = 5 \cdot 10^{-10}\,\frac{m^2}{s}$
Kohlendioxid/Luft (20 °C, 100 kPa)	$D = 2 \cdot 10^{-5}\,\frac{m^2}{s}$
Kohlenstoff/Eisen (800 °C)	$D = 2 \cdot 10^{-13}\,\frac{m^2}{s}$

Bei instationärer Diffusion ändert sich die Konzentration im System mit der Zeit. Die Konzentrationsänderung ist proportional der Krümmung des Profils. Dies ist das **2. Fick'sche Gesetz.**

$$\frac{dc}{dt} = D\,\frac{d^2 c}{d x^2} \tag{3.14}$$

In Abb. 3.6 ist die Krümmung des Profils ungefähr in der Mitte am größten – hier ändert sich die Konzentration zeitlich am stärksten.

3.9   Wie schnell diffundieren Gase?

Auch die Diffusion von Gasen kann mit der kinetischen Gastheorie erklärt werden:

$$D \sim \frac{3\pi}{16}\,\langle v \rangle \langle \lambda \rangle \tag{3.15}$$

Kleine und leichte Gasteilchen diffundieren am schnellsten. *Einstein* und *Smoluchowski* konnten mit ihrem Modell des „Random Walk" die Fick'schen Gesetze erklären (Abb. 3.7).

Insbesondere konnten sie die Verschiebung x berechnen – das ist eine Angabe, wie weit sich ein Teilchen durch Diffusion von seinem Ausgangspunkt entfernt.

$$\langle x^2 \rangle = 2 \cdot D \cdot t \tag{3.16}$$

3.10   Wie verändern sich Energie und Entropie beim Wärmetransport?

Wir diskutieren ein Temperaturausgleichsexperiment nun thermodynamisch (Abb. 3.8).

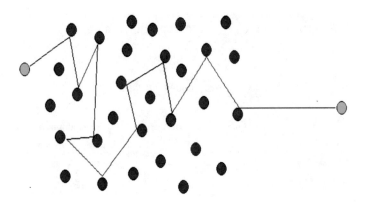

Abb. 3.7 Random Walk eines Teilchens bei Diffusion

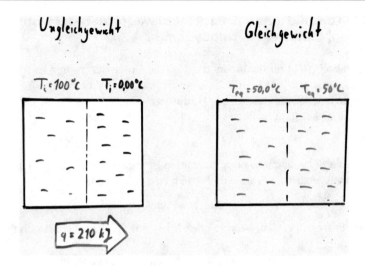

Abb. 3.8 Experiment zur Einstellung des thermischen Gleichgewichts

Unsere beiden Teilsysteme (1) und (2) sind zu Beginn: (1) 1,00 kg Wasser mit 100,00 °C und (2) 1,00 kg Wasser mit 0,00 °C.

Nach einer gewissen Zeit hat sich das thermische Gleichgewicht eingestellt: Beide Systeme haben jetzt die Temperatur 50,00 °C.

Wir können die Grundgleichung der Kalorimetrie anwenden und die ausgetauschte Wärmemenge q berechnen. Die Wärmekapazitäten beider Systeme sind gleich.

$$C_p(1) = C_p(2) = 4{,}184 \frac{kJ}{K} \tag{3.17}$$

Die Temperaturdifferenz hat in beiden Fällen den gleichen Betrag.

$$\Delta T(2) = -\Delta T(1) = 50\,°C = 50\,K \tag{3.18}$$

(Bei Temperaturdifferenzen dürfen wir °C und K gleich setzen.)

Wir berechnen die Wärmemenge, die von System 1 nach System 2 übertragen wurde:

$$q(2) = C_p(2)\Delta T(2) = 4{,}184 \frac{kJ}{K}(50\,K) = 209\,kJ \tag{3.19}$$

Wir wollen nun in der Tradition der Thermodynamik mit dem 1. und 2. Hauptsatz die Energie und die Entropie dieses Prozesses bilanzieren.

3.11   Was ist die Innere Energie und was fordert der Erste Hauptsatz der Thermodynamik?

Der Buchstabe U steht für die thermodynamische Größe der Inneren Energie. Dies ist ein Maß dafür, wie viel Energie in einem System enthalten ist. Die Einführung dieser Größe ist sinnvoll, denn der **1. Hauptsatz** sagt aus, dass die Gesamtenergie des Universums konstant bleibt.

$$\Delta U + \Delta U_{sur} = 0 \qquad\qquad (3.20)$$

Die Änderung der Inneren Energie bei einem Prozess können wir messen, indem wir einfach ausgetauschte Wärme und Arbeit zusammenzählen.

$$\Delta U = q + w \qquad\qquad (3.21)$$

Bei jedem Prozess, bei dem Wärme oder Arbeit im Spiel ist, ändert sich also die Innere Energie.

Insbesondere sind dies Temperaturänderung, Phasenänderung und chemische Reaktionen. Beachten Sie jedoch, dass bei der Verdünnung eines (idealen) Systems die Energie sich nicht ändert (5 L Luft haben die gleiche Energie wie 4 L Stickstoff und 1 L Sauerstoff). Als Null-Level für die Energie wurden willkürlich die Elemente bei 25 °C gewählt. Die meisten Verbindungen haben geringere Energie als die Elemente und haben deshalb einen negativen Wert für U. Betrachten wir unseren Beispielprozess durch die „Energiebrille" und wenden den 1. Hauptsatz an (Abb. 3.9): Das ursprünglich heiße Wasser (Teilsystem (1)) hat

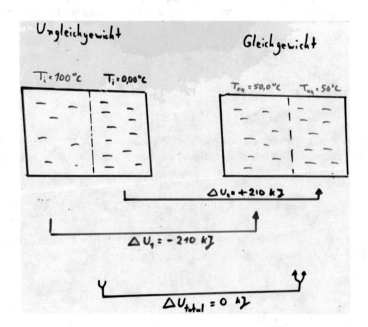

Abb. 3.9 Energiebilanz bei der Einstellung des thermischen Gleichgewichts

seine Innere Energie um 209 kJ erniedrigt. Das ursprünglich kalte Wasser (Teilsystem (2)) hat seine Innere Energie um 209 kJ erhöht.

3.12   Was ist die Entropie und was fordert der Zweite Hauptsatz der Thermodynamik?

Der Buchstabe S steht für die thermodynamische Größe der Entropie. Die Entropie ist ein Maß für das Chaos in einem System. Die Einführung dieser Größe ist sinnvoll, denn der **2. Hauptsatz der Thermodynamik** sagt aus, dass die Gesamt-Entropie im Universum nur zunehmen kann.

$$\Delta S + \Delta S_{sur} \geq 0 \tag{3.22}$$

Die Änderung der Entropie während eines Prozesses lässt sich nach CLAUSIUS durch die sog. Reduzierte Wärme messen.

$$\Delta S = \frac{q_{rev}}{T} \tag{3.23}$$

Diese kleine Eselsbrücke (Abb. 3.10) kann uns helfen, die CLAUSIUS'sche Gleichung zu erinnern.

Die Entropie zeigt ähnliche Abhängigkeiten wie die Innere Energie, d. h. sie ändert sich immer, wenn Wärme bei einem Prozess auftritt (Temperaturänderung, Phasenänderung, chemische Reaktion). Zusätzlich ist sie jedoch auch von der Verdünnung abhängig. 5 L Luft haben eine höhere Entropie als 4 L Stickstoff und 1 L

Abb. 3.10 Eselsbrücke zum Memorieren der Definition der Entropie nach CLAUSIUS („Kuh durch Tee"; englisch: „q/T = Cutie")

Sauerstoff. Der Nullpunkt der Entropie liegt bei idealen Kristallen bei 0 K. Das ist der **3. Hauptsatz der Thermodynamik**. Alle Elemente und Verbindungen bei Raumtemperatur haben daher bei Raumtemperatur positive Werte für S.

Wir betrachten unseren Beispielprozess durch die „Entropiebrille": Die Entropie des ursprünglich heißen Wassers (Teilsystem (1)) hat abgenommen, denn Wärme wurde abgegeben (Konvention: negatives Vorzeichen = Energieabgabe).

Um den Zahlenwert der Entropieänderung zu berechnen, müssen wir die CLAUSIUS'sche Formel integrieren, weil die Temperatur während des Prozesses nicht konstant ist

$$\Delta S = \frac{q_{rev}}{T} \tag{3.24}$$

$$\Delta_{T_i \to T_f} S = \int \frac{q_{rev}}{T} = C \ln \frac{T_f}{T_i} \tag{3.25}$$

$$\Delta_{T_i \to T_f} S = 4{,}184 \frac{\text{kJ}}{\text{K}} \ln \left(\frac{323 \text{ K}}{373 \text{ K}} \right) = 0{,}60 \frac{\text{kJ}}{\text{K}} \tag{3.26}$$

Die Entropie von Teilsystem (1) hat um 0,60 kJ/K abgenommen. Mit der gleichen Formel können wir berechnen, dass die Entropie des ursprünglich kalten Wassers zugenommen hat – allerdings um einen größeren Betrag.

Insgesamt wurde also bei dem Prozess Entropie erzeugt (Abb. 3.11). Nach dem 2. Hauptsatz ist er damit nicht umkehrbar – er wird nie spontan in die umgekehrte Richtung ablaufen.

Prozesse, bei denen die Gesamtentropie zunimmt, heißen **irreversibel**. Sie können nur in EINE Richtung stattfinden. Ein spontaner Wärmetransport von heiß nach kalt ist irreversibel, so wie eben beschrieben.

3.13   Wie viel Wärme können wir in Arbeit umwandeln?

CARNOT hat sich darüber Gedanken gemacht, wie man aus dem eben diskutierten Prozess Arbeit gewinnen kann. Er hat eine Maschine beschrieben, welche den Wärmefluss von heiß nach kalt reversibel macht und damit die maximal mögliche Menge an Arbeit aus dem Wärmefluss gewinnt (Abb. 3.12).

Die CARNOT-Maschine ist also eine ideale Wärmekraftmaschine; sie wandelt Wärme in Arbeit um mit dem bestmöglichen Wirkungsgrad η_C.

Ein Stirling-Motor ist auch eine Wärmekraftmaschine: Sie besteht auch aus zwei Temperaturniveaus, zwischen denen Wärme fließt und die zu einem gewissen Bruchteil in Arbeit umgewandelt wird.

Der Wirkungsgrad dieser realen Wärmekraftmaschine muss geringer sein als der Wirkungsgrad der idealen CARNOT-Maschine.

Beide Maschinen arbeiten übrigens mit einem Gas als Arbeitsmedium; insbesondere beim CARNOT-Prozess durchläuft dieses Gas einen Kreisprozess aus

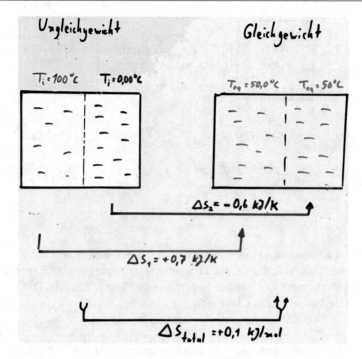

Abb. 3.11 Entropiebilanz bei der Einstellung des thermischen Gleichgewichts

Abb. 3.12 CARNOT-Maschine als Wärmekraftmaschine

zwei Isothermen und zwei Adiabaten. Diese Details der Arbeitsweise sind jedoch für die nachfolgende Energie- und Entropiebilanz nicht von Bedeutung.

Wir betrachten einen kompletten Arbeitszyklus einer CARNOT-Maschine durch die Energie- und Entropiebrille (Abb. 3.13).

Beleuchten wir Schritt für Schritt die vier Teilsysteme (Teilsystem (1), Teilsystem (2), CARNOT-Maschine, Umgebung) hinsichtlich ihrer Energie und Entropie.

Wenn die CARNOT-Maschine läuft, nehmen sowohl die Innere Energie als auch die Entropie des oberen Temperaturniveaus (Teilsystem 1) ab. Für das untere Temperaturniveau (Teilsystem 2) gilt umgekehrt: die Innere Energie nimmt zu und auch die Entropie nimmt zu.

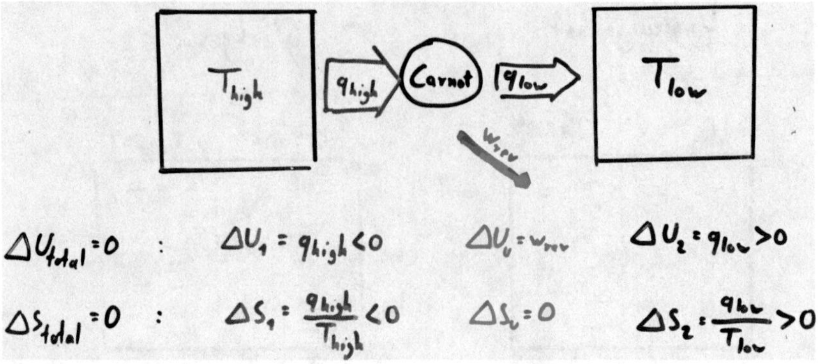

Abb. 3.13 Energie- und Entropiebilanz einer Carnot-Maschine

Die Carnot-Maschine selbst durchläuft einen Kreisprozess und kehrt in ihren Ausgangszustand zurück; ändert also in Summe weder Energie noch Entropie.

Die Umgebung nimmt Arbeit auf; ändert also ihre Innere Energie. Die Entropie der Umgebung bleibt hingegen konstant.

3.14   Wie berechnen wir den Wirkungsgrad einer Carnot-Maschine aus den Hauptsätzen?

Nach dem 1. Hauptsatz müssen sich die ausgetauschten Energien zu null ergänzen:

$$q_{high} + q_{low} + w_{rev} = 0 \tag{3.27}$$

Energie kann weder erzeugt noch vernichtet werden. Nach dem 2. Hauptsatz kann die Gesamtentropie niemals abnehmen, das bedeutet, die Summe der Entropiebeträge muss größer oder gleich null sein. Die Carnot-Maschine arbeitet ideal reversibel, das heißt hier ist die Gesamtentropieänderung gleich null.

$$\frac{q_{high}}{T_{high}} + \frac{q_{low}}{T_{low}} = 0 \tag{3.28}$$

Durch Kombination dieser beiden Gleichungen erhalten wir den Carnot'schen Wirkungsgrad zu:

$$\eta_C = \frac{-w_{rev}}{q_{high}} \tag{3.29}$$

$$\eta_{Carnot} = \frac{T_{high} - T_{low}}{T_{high}} \tag{3.30}$$

Dies ist eine der wichtigsten Gleichungen der Thermodynamik. Sie limitiert die Umwandlung von Wärme in Arbeit.

Der Temperaturunterschied der Niveaus bei einer Wärmekraftmaschine bestimmt den Wirkungsgrad. Eine ideale Wärmekraftmaschine mit den beiden Temperaturniveaus 0 °C und 100 °C besitzt also einen **Wirkungsgrad** von

$$\eta_{Carnot} = \frac{T_{high} - T_{low}}{T_{high}} = \frac{373 \text{ K} - 273 \text{ K}}{373 \text{ K}} = 0{,}27 \tag{3.31}$$

also ca. 27 %: Von 100 % Wärme aus dem hohen Temperaturenniveau werden nur 27 % in Arbeit umgewandelt, die restlichen 73 % fließen als „Abwärme" in das niedrige Temperaturniveau.

3.15 Zusammenfassung

Die konduktiven Transportprozesse Wärmeleitfähigkeit und Diffusion können durch ähnliche Gesetze beschrieben werden: Das sind die FOURIER'schen Gesetze:

$$\frac{dq}{A\,dt} = -\lambda \frac{dT}{dx} \qquad \frac{dT}{dt} = \frac{\lambda}{\varrho\,c_p} \frac{d^2T}{d\,x^2} \tag{3.32}$$

und die FICK'schen Gesetze:

$$\frac{dn}{A\,dt} = -D \frac{dc}{dx} \qquad \frac{dc}{dt} = D \frac{d^2c}{d\,x^2} \tag{3.33}$$

Kleine und leichte Gasteilchen transportieren die Wärme am besten und diffundieren auch am schnellsten.

$$\lambda = \frac{25\,\pi}{64} \overline{C_V} \langle \lambda \rangle \langle v \rangle \frac{n}{V} \qquad D = \frac{3\,\pi}{16} \langle \lambda \rangle \langle v \rangle \tag{3.34}$$

Während die komplette Umwandlung von Arbeit in Wärme problemlos ist, ist die Umwandlung von Wärme in Arbeit nur mit einem gewissen Wirkungsgrad möglich; dieser Wirkungsgrad kann nach CARNOT nicht größer werden als:

$$\eta_{Carnot} = \frac{T_{high} - T_{low}}{T_{high}} \tag{3.35}$$

3.16   Testfragen

1. Markieren Sie die korrekte(n) Aussage(n)
   a) Ammoniak (NH_3) diffundiert in Luft schneller als Chlorwasserstoff (HCl).
   b) Wasserstoff diffundiert bei 50 °C besser als bei 25 °C.
   c) Bei stationärer Diffusion ist die Stoffmengen-Flussdichte überall gleich.
   d) (Ruhendes) Argon leitet bei Standardbedingungen (STP, 0 °C, 100 kPa) die Wärme besser als Helium (beide Gase besitzen identische Wärmekapazitäten $\overline{C_V}$).
2. Welche Aussagen treffen auf den Carnot'schen Kreisprozess zu?
   a) Entropieänderung bei T_{high} = – Entropieänderung bei T_{low}
   b) Energieänderung bei T_{high} = – Energieänderung bei T_{low}
   c) Der Prozess verläuft mit gleichem Wirkungsgrad in beide Richtungen (als Wärmepumpe und Wärmekraftmaschine).
   d) Der Wirkungsgrad kann niemals 100 % betragen.
3. In einem ruhenden Medium existiert zu einem Zeitpunkt t folgendes Konzentrationsprofil (Abb. 3.14).
   a) Wo ist die **Stoffmengenflussdichte** $\frac{dn}{A \cdot dt}$ am größten?
   b) Wo ist die **zeitliche Änderung der Konzentration** $\frac{dc}{dt}$ am größten?

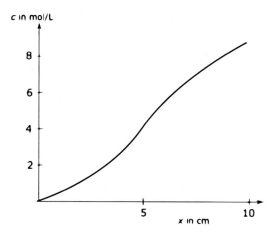

Abb. 3.14 Konzentrationsprofil in einer Küvette

3.17 Übungsaufgaben

1. Ein Fenster mit den Abmessungen 1,00 m × 1,00 m besteht aus einer einfachen Glasscheibe mit einer Dicke von 4,00 mm. Auf der Außenseite beträgt die Temperatur 18,0 °C, auf der Innenseite 20,0 °C. Wie viel Wärme q wird pro Sekunde durch die Glasscheibe transportiert?
   Wärmeleitfähigkeit von Glas: 0,760 W/(°C m)

2. Eine CARNOT'sche Wärmepumpe nimmt bei 0,00 °C eine Wärmemenge q_{low} auf, transportiert diese („pumpt") mithilfe einer Arbeit w_{rev} auf ein höheres Temperaturniveau (25,0 °C) und gibt dort eine Wärmemenge q_{high} ab.

Wie viel **Arbeit** w_{rev} benötigt die Maschine, um bei der höheren Temperatur $q_{high} = -500$ kJ abzugeben?

Wie groß ist der **Wirkungsgrad** η der Maschine ($\eta = - w_{rev}/q_{high}$)?

3. Ein Kohlekraftwerk, welches zwischen 500 °C (überhitzter Wasserdampf) und 100 °C (Kondensator) arbeitet und 80,0 % des theoretisch möglichen (reversiblen) Wirkungsgrades besitzt, gibt pro Sekunde eine elektrische Arbeit von 50,0 MJ ab. Erstellen Sie die Energiebilanz dieses Kraftwerks:

Wie groß ist die pro Sekunde aufgenommene Wärme q_{high}?

Wie groß ist die pro Sekunde abgegebene Abwärme q_{low}?

Affinität

4

4.1 Motivation

Manche Prozesse laufen freiwillig ab, haben also einen Antrieb (oder **Affinität**), andere Prozesse haben offenbar keinen Antrieb und laufen nicht spontan ab (Abb. 4.1).

Wir werden in diesem Kapitel sehen, wie wir mit dem Ersten und Zweiten Hauptsatz den Antrieb eines Prozesses vorausberechnen können.

Abb. 4.1 Sind Energie und/oder Entropie mit uns? (https://doi.org/10.5446/40350)

© Der/die Autor(en), exklusiv lizenziert durch Springer-Verlag GmbH, DE, ein Teil von Springer Nature 2022
J. „SciFox" Lauth, *Physikalische Chemie kompakt,*
https://doi.org/10.1007/978-3-662-64588-8_4

4.2   Wie viel Innere Energie steckt in einem System?

Ende des 19. Jahrhunderts herrschte die Meinung, dass der Antrieb eines Prozesses mit der Energieänderung zusammenhängt. Im BERTHELOT'schen Prinzip wird gefordert, dass nur exotherme Prozesse spontan stattfinden können. Heute wissen wir, dass zur Berechnung der Affinität neben der Energieänderung auch die Entropieänderung eine Rolle spielt. Die Frage nach dem Antrieb lässt sich also auch so formulieren: „Nimmt die Energie während des Prozesses ab und/oder nimmt die Entropie während des Prozesses zu?" Oder etwas plakativer: „Sind Energie und/oder Entropie mit uns?"

Wir betrachten als Beispiel die Autoprotolyse von Wasser – die Spaltung von Wasser in H^+- und OH^--Ionen.

$$H_2O(l) \rightarrow H^+(aq) + OH^-(aq) \tag{4.1}$$

Hat dieser Prozess einen Antrieb? Wie sieht es bei diesem Prozess mit der Energieänderung und der Entropieänderung aus?

Die Thermodynamik kennt die Größe „Innere Energie" U, welche sämtliche Energie in einem System zusammenfasst.

Wo steckt diese Energie denn z. B. in Wasser (Abb. 4.2)? Nun, die Wassermoleküle sind nicht in Ruhe, sondern sie haben Bewegungsenergie, genauer: Translations-, Rotations- und Oszillationsenergie. Außerdem existieren Energien zwischen verschiedenen Molekülen und, ganz wichtig, chemische Bindungsenergien zwischen den Atomen. All diese Energien sind Bestandteile der Inneren Energie.

$$U = \sum E = E_{trans} + E_{rot} + E_{os} + E_{inter} + E_{chem} + \dots \tag{4.2}$$

$$E_{trans} + E_{rot} + E_{os} = E_{therm} \tag{4.3}$$

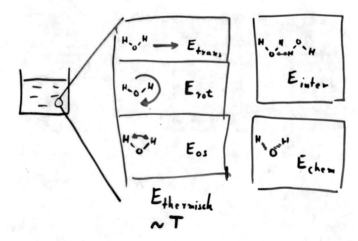

Abb. 4.2   Innere Energie in Wasser

4.3   Wie können wir die Innere Energie messen?

Die Innere Energie können wir nicht absolut messen, aber man kann deren Änderung messen.

Dies macht aber die Größe U nicht weniger wertvoll: man kann z. B. auch die Höhe nicht absolut messen, immer nur relativ zu einem willkürlichen Null-Level. Höhenänderungen sind aber unabhängig vom Null-Level zu bestimmen.

Immer dann, wenn wir einem System Energie zuführen oder abführen, dann ändert sich seine Innere Energie. Zu- und Abfuhr können als Wärme q oder als Arbeit w erfolgen.

$$\Delta U = q + w \tag{4.4}$$

Wenn wir also ΔU für die Knallgasreaktion berechnen sollen, müssen wir einfach die Wärme- und Arbeitsbeträge dieser Reaktion addieren. Für den reversiblen Weg sind das z. B. die reversible Wärme q_{rev}, die Druck-Volumenarbeit w_{pV} und die elektrische Arbeit w_{el}.

$$\Delta U = (-98\,\text{kJ}) + (-474\,\text{kJ}) + (+7{,}4\,\text{kJ}) = -564{,}6\,\text{kJ} \tag{4.5}$$

Das Produkt Wasser ist um 565 kJ energieärmer als die Edukte Wasserstoff und Sauerstoff.

Besonders einfach wird die Gleichung zur Berechnung von ΔU, wenn beim Prozess keine Arbeit auftritt ($w = 0$ ist), und das ist dann der Fall, wenn das Volumen bei einem spontanen Prozess konstant bleibt. Konstantes Volumen bedeutet: keine Druck-Volumenarbeit.

$$w_{pV} = -p\,\Delta V \tag{4.6}$$

Die Wärme q_V, die bei einem isochoren (spontanen) Prozess frei wird, ist identisch mit der Änderung der Inneren Energie ΔU.

$$\textit{falls}\,w = 0 \tag{4.7}$$

$$\Delta U = q_V \tag{4.8}$$

4.4   Wie machen wir aus der isobaren Wärme eine Zustandsgröße?

Wenn sich hingegen bei isobaren Prozessen das Volumen ändert, müssen wir immer auch eine Volumenarbeit berücksichtigen.

$$w_{pV} = -p\Delta V \tag{4.9}$$

Das bedeutet, dass bei isobaren spontanen Prozessen die Wärme, die wir messen – die isobare Wärme q_p – einer Summe zweier Energien entspricht.

$$q_p = \Delta U + p\Delta V \tag{4.10}$$

Tab. 4.1 Steckbrief der Enthalpie

Enthalpie H	
H ist ein Maß für	Energie im System
Aussage des Ersten Hauptsatzes:	Die Energie des Universums ist konstant.
Messung von ΔH	Messung als isobare Wärme $\Delta H = q_p$
Berechnung von ΔH	$\Delta H = H_{\text{final}} - H_{\text{initial}}$
Hx ist abhängig von	• chemischer Struktur • Temperatur • Phase
Nullpunkt von H	Elemente im Standardzustand, 100 kPa, 25 °C
Tabellenwerte	Standard-Bildungsenthalpien $\Delta_f H°$
Beispiele	$\Delta_f H°(H_2) = 0\,\frac{kJ}{mol}$ $\Delta_f H°(O_2) = 0\,\frac{kJ}{mol}$ $\Delta_f H°(H_2O(l)) = -285{,}84\,\frac{kJ}{mol}$ $\Delta_f H°(H_2O(g)) = -241{,}83\,\frac{kJ}{mol}$

Weil wir sehr häufig isobare Wärmen messen, hat man die Kombination der Zustandsgrößen $(U + pV)$ einfach in „Enthalpie" umbenannt. Die **Enthalpie** ist eine „Kunstgröße" und hat keine anschauliche Bedeutung, aber die Änderung der Enthalpie entspricht immer gleich der (spontanen) isobaren Wärme.

$$q_p = \Delta U + p\Delta V \equiv \Delta H \tag{4.11}$$

Allgemein müssen physikalische Größen nicht „anschaulich" sein – die seriöse Wissenschaft fordert lediglich, dass jede Größe zum einen **nützlich** ist und zum anderen **messbar** sein muss.

Bei der Knallgasreaktion konnten wir eine isobare Wärme von –572 kJ messen – dies entspricht auch der Reaktionsenthalpie.

$$\Delta H = q_p = -572\,\text{kJ} \tag{4.12}$$

Das Produkt Wasser ist um 572 kJ enthalpieärmer als die Edukte Wasserstoff und Sauerstoff.

Damit können wir den Steckbrief für die Enthalpie (Tab. 4.1) vervollständigen.

4.5 Was ist Enthalpie?

Die Enthalpie ist ein Maß für den Energieinhalt; nützlich für die Anwendung des Ersten Hauptsatzes. Gemessen werden kann die Enthalpieänderung einfach über eine isobare Wärme q_p.

Immer dann, wenn isobare Wärmen auftreten, existiert auch eine Enthalpieänderung im System. Demzufolge ist die Enthalpie abhängig von der Temperatur, von der Phase und von der chemischen Struktur. Für den Nullpunkt der Enthalpie wurde willkürlich festgesetzt: Alle Elemente in der stabilsten Form haben bei 25 °C die Enthalpie null. Enthalpien, die diesen Nullpunkt beinhalten, heißen **Standard-Bildungsenthalpien** $\Delta_f H°$.

Die meisten Verbindungen besitzen negative Standard-Bildungsenthalpien. Das bedeutet: Diese Verbindungen sind energieärmer als die Elemente. Die Enthalpieänderung bei einem Prozess lässt sich immer berechnen als

$$\Delta_{initial \to final} H° = \Delta_f H° \, (final \; state) - \Delta_f H° \, (initial \; state) \tag{4.13}$$

4.6 Wann verändert sich die Enthalpie?

Die Enthalpie ändert sich immer dann, wenn isobare Wärme zu- oder abgeführt werden muss, also bei einer Temperaturänderung

$$\Delta_{T_1 \to T_2} H = q_{p, T_1 \to T_2} = \int_{T_1}^{T_2} C_p dT \tag{4.14}$$

bei einer Phasenänderung,

$$\Delta_{s \to l} H = q_{p, fus} \tag{4.15}$$

oder bei einer chemischen Reaktion.

$$\Delta_r H = q_{p, r} \tag{4.16}$$

$$\Delta_r H° = \Delta_f H° \, (products) - \Delta_f H° \, (reactants) \tag{4.17}$$

Wenn wir hingegen zwei ideale Systeme mischen, wird keine Wärme frei oder aufgenommen: Bei idealen Systemen gibt es keine Mischungsenthalpie.

$$\Delta_{mix} H = q_{mix} = 0 (ideal) \tag{4.18}$$

4.7 Ist die Enthalpieänderung vom Weg abhängig?

Wenn wir 1 mol Eis von 0 °C in 1 mol Wasser von 0 °C überführen wollen, müssen wir dazu 6 kJ Wärme zufügen. Wenn wir das flüssige Wasser danach bei 0 °C verdampfen, benötigen wir weitere 45 kJ Wärme. Wir könnten das Eis auch sofort verdampfen (Sublimation), dann ist die notwendige Wärme gleich der Summe dieser beiden Beträge, also 51 kJ (Abb. 4.3).

Die isobare Wärme – oder, wie wir jetzt sagen – die Enthalpieänderung ΔH ist also (wie jede andere Zustandsgrößenänderung ΔZ) **nicht wegabhängig**. Diese Aussage ist der sogenannte **Hess'sche Satz**: Die Reaktionsenthalpien sind wegunabhängig.

$$\Delta_{A \to C} H = \Delta_{A \to B} H + \Delta_{B \to C} H \tag{4.19}$$

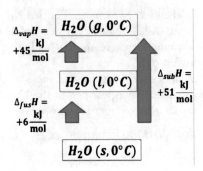

Abb. 4.3 Phasenumwandlungs-Enthalpien von Wasser bei 0 °C zur Verdeutlichung des Satzes von Hess

Der Hess'sche Satz ist eine Sonderform des Energieerhaltungssatzes; er wurde aber schon vor dem Ersten Hauptsatz formuliert.

4.8   Wie viel Enthalpie steckt in einem Molekül bzw. in einer chemischen Bindung?

Zeichnen wir Wasser und seine Bestandteile in ein Enthalpiediagramm (Abb. 4.4). Die Elemente $H_2(g)$ und $O_2(g)$ markieren das Null-Level. Die Atome $H(g)$ und $O(g)$ markieren einen deutlich energiereicheren Zustand als die Elemente, und Wasser liegt energetisch deutlich niedriger als die Elemente.

Die Pfeile in Abb. 4.4, welche vom Null-Level starten, sind Bildungsenthalpien: Der Pfeil nach unten ist die Bildungsenthalpie von Wasser; der Pfeil nach oben symbolisiert die Bildungsenthalpien der Atome. Nach dem Hess'schen Satz können wir diese Pfeile vektoriell addieren:

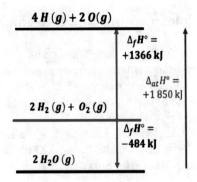

Abb. 4.4 Enthalpiediagramm zur Bildungs- und Atomisierungsenthalpie von Wasser

Der Pfeil, der das Wasser mit den Atomen verbindet, ist die Atomisierungs-enthalpie $\Delta_{at}H°$ von Wasser: die Wärme, die wir brauchen, um Wassermoleküle komplett in die Atome zu spalten. Diese Wärme können wir nach dem Satz von HESS durch vektorielle Kombination der Bildungsenthalpien erhalten

$$\Delta_{at}H° = \left(4\Delta_f H(H) + 2\Delta_f H(O)\right) - \left(2\Delta_f H(H_2O)\right) \tag{4.20}$$

$$\Delta_{at}H° = (+1366\,\text{kJ}) - (-484\,\text{kJ}) = 1850\,\text{kJ} \tag{4.21}$$

Diese 1850 kJ würden umgekehrt wieder frei, wenn wir aus den Atomen zwei Wassermoleküle bilden. Das bedeutet: −1850 kJ entspricht viermal der Bindungs-enthalpie der OH-Bindung.

$$\Delta_{at}H° \approx -\sum \langle H_{bond}\rangle \tag{4.22}$$

Bindungsenthalpien sind in der Regel Mittelwerte; darum stimmt die Gleichung nur ungefähr.

4.9 Wie ändert sich die Enthalpie bei einer Reaktion?

Mit den tabellierten Bildungsenthalpien können wir beliebige Reaktionswärmen bzw. Reaktionsenthalpien $\Delta_r H°$ berechnen. Wenn wir beispielsweise wissen wollen, wie viel Wärme frei wird oder verbraucht wird bei der Spaltung von Wasser in H^+ und OH^-, zeichnen wir uns ein Enthalpiediagramm (Abb. 4.5).

Wir zeichnen die Elemente wieder als Null-Level sowie das Edukt (Wasser) sowie die Produkte (H^+ und OH^-) entsprechend ihren Bildungsenthalpien.

Die Pfeile, die vom Null-Level starten, sind, wie wir schon wissen, die Bildungsenthalpien; der Pfeil zwischen dem Edukt und den Produkten ist die Reaktionsenthalpie.

$$\Delta_{rxn}H° = \Delta_f H°(products) - \Delta_f H°(reactants) \tag{4.23}$$

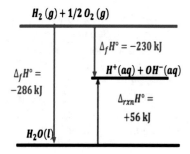

Abb. 4.5 Enthalpiediagramm zur Autoprotolyse-Reaktion

Durch vektorielle Kombination der Bildungsenthalpien erhalten wir die Reaktionsenthalpie. Wir müssen in der Rechnung zwei negative Zahlen voneinander abziehen und erhalten die Reaktionsenthalpie („stöchiometrische Summe der Enthalpien").

$$\Delta_r H^\circ = \left(\Delta_f H^\circ\left(H^+\right) + \Delta_f H^\circ\left(OH^-\right)\right) - \left(\Delta_f H^\circ(H_2O)\right) \tag{4.24}$$

$$\Delta_r H^\circ = (-230\,\text{kJ}) - (-286\,\text{kJ}) \tag{4.25}$$

$$\Delta_r H^\circ = -56\,\text{kJ}. \tag{4.26}$$

Das bedeutet, die Autoprotolyse von Wasser ist endotherm: Wir müssten 56 kJ Wärme investieren, um 1 mol Wasser komplett zu 1 mol H^+ und 1 mol OH^- zu dissoziieren. Der Prozess verläuft energetisch gesehen „bergauf"; die Energie ist also offensichtlich „nicht mit uns".

Die Bildungsenthalpien werden in den Tabellen als molare Größen in der Einheit kJ/mol angegeben.

Wenn wir die Enthalpieänderung einer chemischen Reaktion berechnen, müssen wir ggf. die stöchiometrischen Umsatzzahlen berücksichtigen.

Wenn wir beispielsweise die Knallgasreaktion formulieren als

$$2H_2(g) + O_2(g) \rightarrow 2H_2O(l) \tag{4.27}$$

erhalten wir eine Reaktionsenthalpie von $-572\frac{kJ}{mol}$.

„mol" bedeutet in diesem Zusammenhang „Formelumsatz". Die Reaktionsgleichung sollte bei $\Delta_r H^\circ$ immer mit angegeben sein.

Die Reaktionsenthalpie lässt sich auch aus den Bindungsenthalpien abschätzen, wenn nur gasförmige Stoffe an der Reaktion beteiligt sind.

$$\Delta_r H^\circ \approx \sum \langle H_{bond}\rangle(products) - \sum \langle H_{bond}\rangle(reactants) \tag{4.28}$$

4.10   Was ist die Entropie?

Aus dem Steckbrief der Entropie (Tab. 4.2) entnehmen wir, dass sie ein Maß für das Chaos ist. Es ist sinnvoll, diese Größe einzuführen, weil der Zweite Hauptsatz damit leicht zu formulieren ist. Messen können wir die Entropieänderungen nach Clausius als reduzierte Wärme (Quotient aus reversibler Wärme und Temperatur). *Merkregel dazu: Kuh[q] durch Tee [T].*

Die Entropie ist genau wie die Energie von Temperatur, Phase und chemischer Struktur abhängig, aber zusätzlich noch von der Verdünnung. Auch bei idealen Systemen nimmt mit der Verdünnung die Entropie zu.

Tab. 4.2 Steckbrief der Entropie

Entropie S	
S ist ein Maß für	Chaos (Unordnung, Neginformation)
Aussage der Hauptsätze über S:	Die Entropie des Universums kann nur zunehmen (irreversible Prozesse) *oder gleichbleiben (reversible Prozesse).*
Messung von ΔS	Messung nach CLAUSIUS als reduzierte reversible Wärme $\Delta S = \frac{q_{rev}}{T}$ Berechnung nach BOLTZMANN aus thermodynamischen Wahrscheinlichkeiten $S = k \ln (\Omega)$
Berechung von ΔS	$\Delta S = S_{final} - S_{initial}$
S ist abhängig von	• chemischer Struktur • Temperatur • Phase • Verdünnung
Nullpunkt von	ideale Kristalle bei 0 K (3. Hauptsatz)
Tabellenwerte	Standard-Entropie $S°$
Beispiele	$S°(H_2) = 130{,}684\,\frac{J}{mol\,K}$ $S°(O_2) = 205{,}0\,\frac{J}{mol\,K}$ $S°(H_2O(l)) = 69{,}9\,\frac{J}{mol\,K}$ $S°(H_2O(g)) = 188{,}72\,\frac{J}{mol\,K}$

4.11   Wie können wir die Entropie messen?

Die Entropie hat einen absoluten Nullpunkt – das sagt der Dritte Hauptsatz –, nämlich bei den reinen Kristallen bei 0 K.

Infolge dessen sind in den Tabellenwerten für die Entropie praktisch nur positive Zahlen zu finden. Die Messung der Entropie nach CLAUSIUS geschieht über die reduzierte reversible Wärme.

$$\Delta S = \frac{q_{rev}}{T} \tag{4.29}$$

Der Index „reversibel" ist mitunter sehr wichtig: Wenn wir die Knallgasreaktion spontan durchführen, messen wir zwar sehr viel Wärme, die frei wird – das ist aber nicht die reversible Wärme, die wir brauchen. Wir müssen die Knallgasreaktion reversibel über eine Brennstoffzelle laufen lassen, dann erhalten wir – 98 kJ als reversible Wärme.

Nur diese Wärme dürfen wir in die CLAUSIUS'sche Formel einsetzen.

$$\Delta S = \frac{q_{rev}}{T} = \frac{-98\,kJ}{298\,K} = -326\,\frac{J}{K} \tag{4.30}$$

Die Entropie kann auch nach Boltzmann aus statistischen Betrachtungen berechnet werden.

$$S = k \ln(\Omega) \qquad (4.31)$$

(Berühmte Formel, eingraviert in den Grabstein von Boltzmann.)

Ω ist die sog. thermodynamische Wahrscheinlichkeit. Diese Definition wollen wir aber in diesem Kurs nicht verwenden (für mehr Informationen: siehe Lehrbücher der statistischen Thermodynamik).

4.12   Wann ändert sich die Entropie?

Die Entropie ändert sich also immer, wenn wir reversible Wärme zu- oder abführen müssen: bei Temperaturänderungen, bei Phasenänderungen und bei chemischen Reaktionen. Zusätzlich vergrößert sich die Entropie beim Mischen.

Entropieänderung bei Temperaturänderung:

$$\Delta_{T_1 \to T_2} S = \int \frac{q_{p,T_1 \to T_2}}{T} = \int_{T_1}^{T_2} \frac{C_p}{T} dT \qquad (4.32)$$

Entropieänderung bei Phasenänderung:

$$\Delta_{s \to l} S = \frac{q_{rev,fus}}{T_{fus}} \qquad (4.33)$$

$$\Delta_r S = \frac{q_{rev,r}}{T} \qquad (4.34)$$

Entropieänderung beim Mischen (Volumenvergrößerung):

$$\Delta_{mix} S = \sum n \, R \ln \frac{V_f}{V_i}. \qquad (4.35)$$

4.13   Wie ändert sich die Entropie bei einer Reaktion?

Reaktionsentropien errechnen wir genauso wie Reaktionsenthalpien aus den Tabellenwerten unter Zuhilfenahme quasi des Satzes von Hess (Abb. 4.6).

$$\Delta_r S^\circ = S^\circ(products) - S^\circ(reactants) \qquad (4.36)$$

Wir schauen uns die Produkte an und die Edukte hinsichtlich ihrer Entropie und berechnen die Differenz zwischen diesen beiden Entropiewerten („stöchiometrische Summe der Entropien").

$$\Delta_r S^\circ = \left(\Delta_f S^\circ(H^+) + \Delta_f S^\circ(OH^-) \right) - \left(\Delta_f S^\circ(H_2O) \right) \qquad (4.37)$$

Abb. 4.6 Entropiediagramm
zur Autoprotolyse-Reaktion

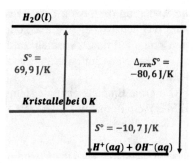

$$\Delta_r S^\circ = \left(-10{,}7\,\frac{J}{mol\,K}\right) - \left(69{,}9\,\frac{J}{mol\,K}\right) \tag{4.38}$$

$$\Delta_r S^\circ = -80{,}6\,\frac{J}{mol\,K} \tag{4.39}$$

Bei der Autoprotolyse nimmt die Entropie stark ab (exotroper Prozess).

Der Zweite Hauptsatz fordert, dass die Entropie des Universums entweder zunimmt (spontaner Prozess) oder konstant bleibt (reversibler Prozess).

Obwohl der Zweite Hauptsatz für das gesamte Universum gilt und unsere Entropieabnahme sich nur auf das System bezieht, können wir plakativ exotrope Prozesse als „Entropie ist nicht mit uns" klassifizieren.

4.14   Wie erhalten wir aus den Hauptsätzen die freie Enthalpie als Maß für die Affinität?

Der Erste und Zweite Hauptsatz in der allgemeinen Formulierung betrachten immer das ganze Universum: **Die Energie des Universums ist konstant; die Entropie des Universums strebt einem Maximum zu.**

Wenn wir nun Aussagen über die Stabilität eines Systems treffen wollen, müssen wir uns auf Sonderfälle konzentrieren. GIBBS hat z. B. für isotherme isobare Vorgänge abgeleitet, dass bei diesen Vorgängen die Kombination $(H - TS)$ nur abnehmen kann.

$$\Delta H - T\Delta S \leq 0 \tag{4.40}$$

Wir nennen die Kombination $H - TS$ Freie Enthalpie G (oder GIBBS-Energie):

$$G \equiv H - TS \tag{4.41}$$

Die Freie Enthalpie eines Systems kann nur abnehmen und damit ist G ein Maß für dessen Instabilität.

$$\Delta G = \Delta H - T\Delta S \tag{4.42}$$

Die Änderung der Freien Enthalpie ΔG ist damit ein Maß für die Affinität. Nur wenn ΔG negativ ist (sog. exergonischer Prozess), ist ein Antrieb vorhanden; nur dann kann der Prozess spontan stattfinden.

ΔG hat zwei Beiträge: den energetischen Beitrag ΔH und den entropischen Beitrag $T\Delta S$.

Die Freie Enthalte eines Systems kann spontan nur abnehmen. Messen können wir die Freie Enthalpie, indem wir eine reversible Arbeit messen.

$$\Delta G = w_{rev} \qquad (4.43)$$

Sehr viel häufiger wird die Freie Enthalpie aber mit der sog. GIBBS-HELMHOLTZ-Gleichung aus ΔH und ΔS berechnet.

$$\Delta G = \Delta H - T\Delta S \qquad (4.44)$$

4.15   Wann ändert sich die Freie Enthalpie?

Die Freie Enthalpie hängt genau wie die Entropie von Temperatur, Phase, Struktur und Verdünnung ab und der Nullpunkt liegt bei den Elementen bei 25 °C (Tab. 4.3).

Tab. 4.3 Steckbrief der Freien Enthalpie (GIBBS-Energie)

Freie Enthalpie (GIBBS-ENERGIE G)	
G ist ein Maß für	Instabilität
Aussage der Hauptsätze über G	Bei spontanen Prozessen kann die Freie Enthalpie G des Systems nur abnehmen. Am Gleichgewicht besitzt G ein Minimum. $\Delta G \leq 0$
Messung von ΔG	direkte Messung als reversible Nutzarbeit $\Delta G = w_{rev}$
Berechnung von ΔG	aus den chemischen Potenzialen $\Delta G = \mu_{final} - \mu_{initial}$ mithilfe der GIBBS-HELMHOLT z-Gleichung $\Delta G = \Delta H - T\Delta S$
G ist abhängig von	• chemischer Struktur • Temperatur • Phase • Verdünnung
Nullpunkt von G	Elemente im Standardzustand, 100 kPa, 25 °C
Tabellenwerte	freie Standard-Bildungsenthalpien $\Delta_f G°$ chemisches Standardpotenzial $\mu°$
Beispiele	$\Delta_f G°(H_2) = \mu°(H_2) = 0\,\frac{kJ}{mol}$ $\Delta_f G°(O_2) = \mu°(O_2) = 0\,\frac{kJ}{mol}$ $\Delta_f G°(H_2O(l)) = \mu°(H_2O(l)) = -237{,}1\,\frac{kJ}{mol}$ $\Delta_f G°(H_2O(g)) = \mu°(H_2O(g)) = -228{,}6\,\frac{kJ}{mol}$

Die Freie Enthalpie ist eine Eigenschaft eines gesamten Systems. Bezieht man die Freie Enthalpie auf eine Komponente des Systems, so spricht man auch vom „**chemischen Potenzial**" μ dieser Komponente.

Anhand der Tabellenwerte für die Freien Standard-Enthalpien verschiedener Substanzen (sog. chemische Standard-Potenziale) können wir sofort Aussagen über die Instabilität machen, beispielsweise:

Flüssiges Wasser besitzt bei 25 °C eine niedrigere Freie Enthalpie als gasförmiges Wasser – ist also bei 25 °C stabiler als gasförmiges Wasser.

4.16   Wie ändert sich die Freie Enthalpie während einer Reaktion?

Den Standard-Antrieb (Standard-Affinität) der Autoprotolyse können wir auf verschiedene Arten berechnen. Entweder können wir direkt die chemischen Potenziale von Edukten und Produkten voneinander abziehen („Stöchiometrische Summe der chemischen Potenziale"):

$$\Delta_r G = \mu_{products} - \mu_{reactants} \tag{4.45}$$

$$\Delta_r G^\circ = \left(-157 \frac{kJ}{mol}\right) - \left(-237 \frac{kJ}{mol}\right) \tag{4.46}$$

$$\Delta_r G^\circ = +80 \frac{kJ}{mol} \tag{4.47}$$

Oder wir können – da wir die Reaktionsenthalpie und Reaktionsentropie schon ermittelt haben – diese beiden Werten in die **GIBBS-HELMHOLTZ-Gleichung** einsetzen:

$$\Delta_r G^\circ = \Delta_r H^\circ - T \Delta_r S^\circ \tag{4.48}$$

$$\Delta G = \left(56 \frac{kJ}{mol}\right) - \left(298K \cdot \left(-0.08 \frac{kJ}{mol\,K}\right)\right) \tag{4.49}$$

$$\Delta G = \left(56 \frac{kJ}{mol}\right) - \left(-24 \frac{kJ}{mol}\right) \tag{4.50}$$

$$\Delta G = 80 \frac{kJ}{mol} \tag{4.51}$$

4.17   Wie klassifizieren wir einen Prozess thermodynamisch?

Wir können nun unseren Beispielprozess thermodynamisch komplett charakterisieren: Bei der Autoprotolyse nimmt die Energie zu, d. h. der Prozess ist endotherm – „die Energie ist nicht mit uns".

$$H \uparrow: \textit{endotherm} \qquad (4.52)$$

Bei der Autoprotolyse nimmt die Entropie ab, das heißt der Prozess ist exotrop – auch die „Entropie ist nicht mit uns".

$$S \downarrow: \textit{exotrop} \qquad (4.53)$$

Wenn wir alles nach **Gibbs-Helmholtz** zusammenfassen, sehen wir, dass die Instabilität während des Prozesses zunimmt, das bedeutet: Die reinen Produkte (dafür steht das Standardzeichen $°$ in $\mu°$) sind um 80 kJ instabiler als die reinen Edukte.

$$G \uparrow: \textit{endergonisch} \qquad (4.54)$$

Der Prozess ist als Ganzes endergonisch, der Standard-Antrieb (oder Standard-Affinität) $\Delta G°$ ist positiv: Wasser wird sich niemals spontan komplett in H^+ und OH^- zersetzen. Das bedeutet aber nicht, dass der Prozess überhaupt nicht abläuft. Im nächsten Kapitel werden wir den Unterschied zwischen der Standard-Affinität $\Delta G°$ und der Affinität ΔG diskutieren und Gleichgewichtskonstanten berechnen.

4.18   Zusammenfassung

Der 1. und der 2. Hauptsatz sind Aussagen über die Energie und die Entropie im Universum.

$$\Delta U_{universe} = 0 \qquad (4.55)$$

$$\Delta S_{universe} > 0 \text{ (spontaneous)} \qquad (4.56)$$

Wir können die Energie- und Entropieänderung während eines Prozesses messen

$$\Delta H = q_p \tag{4.57}$$

$$\Delta S = q_{rev}/T \tag{4.58}$$

oder auch mithilfe von Tabellenwerten berechnen.

$$\Delta_r H^\circ = \Delta_f H^\circ(\textit{products}) - \Delta_f H^\circ(\textit{reactants}) \tag{4.59}$$

$$\Delta_r S^\circ = S^\circ(\textit{products}) - S^\circ(\textit{reactants}) \tag{4.60}$$

Aus der Reaktionsenthalpie und Reaktionsentropie können wir die Freie Enthalpie errechnen mit der GIBBS-HELMHOLTZ-Gleichung

$$\Delta G^\circ = \Delta H^\circ - T\,\Delta S^\circ \tag{4.61}$$

ΔG° ist ein Maß für die Affinität, die uns sagt, ob ein Prozess komplett ablaufen kann oder nicht.

4.19 Testfragen

1. Wie können wir die Enthalpieänderung ΔH bzw. die Entropieänderung ΔS bei einem Prozess messen?
   a. ΔH entspricht immer der isochoren Wärme eines spontanen Prozesses.
   b. ΔH entspricht immer der isobaren Wärme eines spontanen Prozesses.
   c. ΔH entspricht immer der reversiblen Wärme.
   d. ΔS entspricht immer der reversiblen Wärme.
   e. ΔS entspricht immer der reversiblen reduzierten Wärme.
   f. ΔS entspricht immer der isobaren reduzierten Wärme.

2. Markieren Sie die korrekte(n) Formulierung(en).

   a. Die Entropie eines Systems ist entweder konstant oder nimmt zu.

   b. Die Entropie des Universum ist entweder konstant oder nimmt zu.

   c. Die Energie eines Systems ist konstant oder nimmt ab.

   d. Die Energie des Universums ist konstant oder nimmt ab.

   e. Entropie kann erzeugt werden.

   f. Die Freie Enthalpie eines (isobaren, isothermen) Systems kann spontan nicht zunehmen.

   g. Die Energie eines Systems ist konstant.

3. Wie ändern sich Enthalpie und Entropie bei den folgenden Prozessen? (nehmen dir Größen zu, nehmen sie ab oder bleiben sie gleich?)

   a. 1 mol Wasser wird elektrolytisch zu Wasserstoff und Sauerstoff zersetzt.

   b. 1 mol Eis schmilzt isobar zu 1 mol Wasser.

   c. 2 mol Wasserstoff werden mit 1 mol Sauerstoff isobar zu Knallgas gemischt.

   d. 1 mol Wasser wird isobar von 25 °C auf 0 °C abgekühlt.

4.20 Übungsaufgaben

1. Berechnen Sie die Wärme, die beim Löschen von 1 mol gebranntem Kalk frei wird.

$$CaO(s) + H_2O(l) \rightarrow Ca(OH)_2(s) \tag{4.62}$$

2. Ammoniumnitrat kann sich explosionsartig zersetzen:

$$2\,NH_4NO_3(s) \rightarrow 4\,H_2O(g) + 2\,N_2(g) + O_2(g) \tag{4.63}$$

Ermitteln Sie die molare Standard-Reaktionsenthalpie $\Delta_R H°$ für den hier formulierten Formelumsatz. Ermitteln Sie die molare Standard-Reaktionsentropie $\Delta_R S°$ für den hier formulierten Formelumsatz.

Ermitteln Sie die Freie molare Standard-Reaktionsenthalpie $\Delta_R G°$ für den hier formulierten Formelumsatz bei einer Temperatur von 98,8 °C. Wie viel Wärme (Betrag) wird bei der isobaren Zersetzung von 1,510 kg Ammoniumnitrat frei?

3. Schätzen Sie den spezifischen „unteren Heizwert" $\Delta_{com} h°$ von Ethan (C_2H_6) aus den Bindungsenthalpien. *(unterer Heizwert: als Verbrennungsprodukt entsteht u. a. gasförmiges Wasser.)*

$$2C_2H_6(g) + 7O_2(g) \rightarrow 4CO_2(g) + 6H_2O(g) \tag{4.64}$$

Chemisches Gleichgewicht

5

5.1 Motivation

Viele Prozesse laufen nicht vollständig ab, sondern nur bis zu einem gewissen Gleichgewicht (Abb. 5.1). Wir lernen in diesem Kapitel, dieses Gleichgewicht zu berechnen, und zeigen Möglichkeiten auf, das Gleichgewicht zu verschieben.

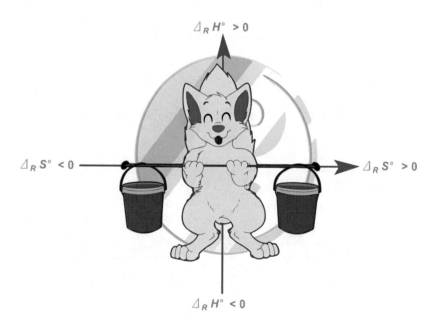

Abb. 5.1 Wo liegt das Gleichgewicht und wie können wir es verschieben? (https://doi.org/10.5446/40352)

5.2   Wie quantifizieren wir die Lage des Gleichgewichts?

Wir haben im letzten Kapitel gesehen, dass die Autoprotolyse von Wasser

$$H_2O(l) \rightleftharpoons H^+(aq) + OH^-(aq) \tag{5.1}$$

niemals vollständig ablaufen wird – das verbieten der 1. und der 2. Hauptsatz.

Tatsächlich liegt das Gleichgewicht der Autoprotolyse von Wasser, quantifiziert durch die Gleichgewichtskonstante

$$K_{eq} = \frac{[H^+]\,[OH^-]}{[H_2O]} \tag{5.2}$$

sehr weit auf der linken Seite – wir werden gleich ausrechnen, wo es genau liegt.

5.3   Wie klassifizieren wir einen Prozess mit thermodynamischen Kenngrößen?

Wir hatten im letzten Kapitel die Autoprotolyse von Wasser thermodynamisch diskutiert, d. h. den Prozess energetisch und entropisch analysiert (Abb. 5.2).

Die Standard-Reaktionsenthalpie $\Delta_r H^\circ$, die Standard-Reaktionsentropie $\Delta_r S^\circ$ und die freie Standard-Reaktionsenthalpie (oder Standard-Affinität bzw. Standard-Antrieb) $\Delta_r G^\circ$ vergleichen immer die reinen Produkte mit den reinen Edukten.

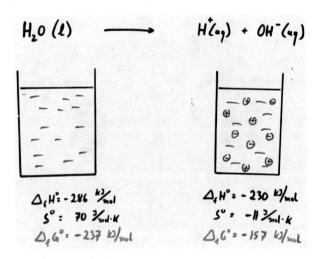

Abb. 5.2 Thermodynamische Klassifizierung der Autoprotolyse-Reaktion

Die Standard-Reaktionsenthalpie $\Delta_r H°$ von +56 kJ/mol bedeutet: Die reinen Produkte sind um 56 kJ energiereicher als die reinen Edukte.

Die Standard-Reaktionsentropie $\Delta_r S°$ von 0,08 kJ/K bedeutet: Die reinen Produkte sind um 0,08 kJ/K entropieärmer als die reinen Edukte.

Am wichtigsten ist die thermodynamische Größe $\Delta_r G°$. Der Standard-Antrieb $\Delta_r G°$ beträgt +80 kJ; die reinen Produkte sind um 80 kJ instabiler als die reinen Edukte. Das bedeutet: Die Reaktion wird spontan niemals vollständig ablaufen.

Wir wollen nun im Detail sehen, wie sich diese drei Kenngrößen H, S *und G* während der Reaktion verändern.

5.4 Ist die Energie mit uns?

Das Energieprofil der Reaktion (Abb. 5.3) ist relativ einfach: Die Energie [eigentlich: Enthalpie] startet bei −286 kJ bei reinem Wasser und endet bei −230 kJ bei den Produkten. Es geht ziemlich linear mit der Energie bergauf im Energieprofil (genauer: Enthalpieprofil) unserer Reaktion.

An der x-Achse ist der Reaktionsstand ξ aufgetragen; dies bezeichnet den Reaktionsfortschritt: $\xi = 0$ mol bedeutet 0 % Umsatz, also ausschließlich Edukte; $\xi = 1$ mol heißt 100 % Umsatz, also reine Produkte. Alternativ dazu können wir auch den Reaktionsquotienten Q_r angeben, das ist der Quotient aus Produktkonzentration und Eduktkonzentration.

$$Q_r = \frac{[P]}{[R]} \tag{5.3}$$

Abb. 5.3, 5.4 und 5.5 sind thermodynamische Profile; sie beziehen sich immer auf die Reaktion von **einem Mol** Edukt. Demgegenüber wird in der Reaktionskinetik das Reaktionsprofil auf **ein Molekül** Edukt bezogen.

Abb. 5.3 Enthalpieprofil der Autoprotolyse-Reaktion

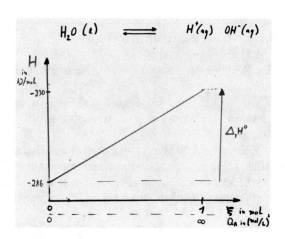

Abb. 5.4 Entropieprofil der
Autoprotolyse-Reaktion

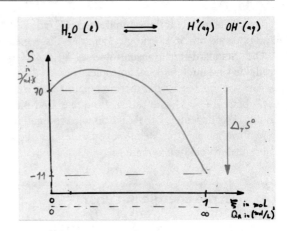

Abb. 5.5 Profil der Freien
Enthalpie (chemisches
Potenzial) der Autoprotolyse-
Reaktion

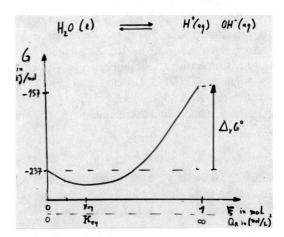

5.5   Ist die Entropie mit uns?

Das Reaktionsprofil sieht etwas anders aus, wenn wir die Entropie betrachten
(Abb. 5.4).

Wir können zunächst einmal die Entropie der reinen Produkte und Edukte
markieren. Die Entropie sinkt von etwa 70 J/K für Wasser auf −11 J/K für die
Produkte ab.

Während der Reaktion existiert eine Mischung der Edukte und Produkte;
Mischungen sind in der Regel entropiereicher als die reinen Komponenten.
Das bedeutet, die Entropie verläuft hier nicht linear von den Edukten zu den
Produkten, sondern wir erhalten eine gekrümmte Kurve und evtl. ein Maximum.

5.6   Wie berechnen wir den Standardantrieb (Standard-Affinität)?

Wie schon im letzten Kapitel erwähnt, können wir aus der energetischen und der entropischen Kennzahl der Reaktion unter Verwendung der GIBBS-HELMHOLTZ-Gleichung

$$\Delta_r G^\circ = \Delta_r H^\circ - T \cdot \Delta_r S^\circ \tag{5.4}$$

den Standard-Antrieb $\Delta_r G^\circ$ berechnen. Bei der Anwendung dieser Gleichung müssen wir auf konsistente Einheiten achten (J, kJ). Wenn wir $\Delta_r H^\circ = 55{,}83 \frac{kJ}{mol}$ einsetzen, sollten wir auch für $\Delta_r S^\circ = -0{,}08061 \frac{kJ}{K\,mol}$ verwenden.

$$\Delta_r G^\circ = 55{,}83 \frac{kJ}{mol} - 298K \left(-0{,}08061 \frac{kJ}{K\,mol} \right) \tag{5.5}$$

Wir erhalten

$$\Delta_r G^\circ = +79{,}85 \frac{kJ}{mol} \tag{5.6}$$

5.7   Ist die Freie Enthalpie mit uns?

Eine der wichtigsten thermodynamischen Kurven ist die Auftragung der Änderung der Freien Enthalpie während eines Prozesses (Abb. 5.5). Sie sagt uns, wie sich die Instabilität während einer Reaktion verändert.

Wir starten mit der freien Standard-Enthalpie $\Delta_f G^\circ(reactant)$ (andere Bezeichnung: chemischen Standardpotenzial $\mu^\circ(reactant)$) des Edukts bei -237 kJ und erreichen bei komplettem Umsatz die Freie Standard-Enthalpie $\Delta_f G^\circ(product)$ (andere Bezeichnung: chemisches Potenzial $\mu^\circ(product)$) der Produkte bei -157 kJ.

Die reinen Produkte sind also instabiler als das reine Edukt; ein vollständiger Ablauf der Reaktion ist damit ausgeschlossen.

Beachten Sie, dass die Instabilität sich nicht linear von den Edukten zu den Produkten erhöht, sondern dass die Kurve ein kleines Minimum hat. Vom Ausgangszustand bis zu diesem Minimum nimmt die Instabilität ab, und das bedeutet: In diesem Bereich kann die Reaktion tatsächlich stattfinden.

Die Steigung der Kurve ist ein Maß für den Antrieb $\Delta_r G(ohne^\circ!)$ – je negativer die Steigung $\Delta_r G$, desto mehr Antrieb hat die Reaktion. Demgegenüber ist der Standardantrieb $\Delta_r G^\circ(mit^\circ!)$ der Unterschied der chemischen Potenziale von Produkten und Edukten.

Das Minimum hat eine besondere Bedeutung, denn das Minimum repräsentiert tatsächlich das Gleichgewicht. Egal, wo wir auf der Kurve starten: Die freie Enthalpie kann nur abnehmen, kann sich nur den Minimum nähern.

5.8   Wie formulieren wir die thermodynamische Gleichgewichtskonstante?

Sie wissen aus der Allgemeinen Chemie, dass man ein Gleichgewicht

$$R \rightleftharpoons P \tag{5.7}$$

durch das Massenwirkungsgesetz und durch eine Gleichgewichtskonstante

$$K_{eq} = \frac{[P]_{eq}}{[R]_{eq}} \tag{5.8}$$

quantifizieren kann. Die Gleichgewichtskonstante sieht ähnlich aus wie der Reaktionsquotient

$$Q_r = \frac{[P]}{[R]} \tag{5.9}$$

mit dem Unterschied, dass hier Gleichgewichtskonzentrationen $[P]_{eq}$ bzw. $[R]_{eq}$ eingesetzt werden. In der Thermodynamik ist es außerdem wichtig, dass wir für die Konzentrationsmaße eine Konvention einhalten (Tab. 5.1).

Wenn wir Gase betrachten, müssen wir die Konzentration in Bar einsetzen; wenn wir Flüssigkeiten oder Feststoffe betrachten, müssen wir deren Konzentration als Molenbruch x betrachten, und wenn wir gelöste Stoffe diskutieren, müssen wir die Konzentration in mol/L einsetzen.

Dies bedeutet, für unsere Autoprotolyse von Wasser ist die Gleichgewichtskonstante wie folgt zu formulieren:

$$K_{eq} = \frac{[H^+][OH^-]}{[H_2O]} = \frac{c_{H^+} c_{OH^-}}{x_{H_2O}} \tag{5.10}$$

Im Zähler des Massenwirkungsgesetzes stehen zwei gelöste Stoffe: Die Konzentrationen von $[H^+]$ und von $[OH^-]$ werden als Molaritäten in mol/L formuliert.

Tab. 5.1 Konvention der Thermodynamik zur Angabe der Konzentration $[i]$

Komponente	Konzentrationsmaß	Beispiele
Gasförmige Stoffe	$[i] = p_i$ *in* **bar**	*100 kPa Wasserstoff* : $[H_2] = 1$ bar
		21 kPa Sauerstoff : $[O_2] = 0,21$ bar
		2,3 kPa Wasserdampf : $[H_2O(g)] = 0,023$ bar
Kondensierte Stoffe(Flüssigkeiten oderFeststoffe)	$[i] = x_i$ *in* $\frac{mol}{mol}$	*reines Wasser* : $[H_2O(l)] = 1\frac{mol}{mol}$
		reiner Kalk : $[CaCO_3(s)] = 1\frac{mol}{mol}$
		18 Karat Gold : $[Au(s)] = 0,6\frac{mol}{mol}$
Gelöste Stoffe	$[i] = c_i$ *in* $\frac{mol}{L}$	*Protonen in Wasser* : $[H^+(aq)] = 10^{-7}\frac{mol}{L}$
		gelöste Essigsäure : $[HOAc(aq)] = 1\frac{mol}{L}$
		gelöster Sauerstoff : $[O_2(aq)] = 0,0003\frac{mol}{L}$

Im Nenner steht die Konzentration einer Flüssigkeit $[H_2O]$, welche wir mit dem Molenbruch quantifizieren müssen.

(Hinweis: der Molenbruch von (fast) reinen Flüssigkeiten und Feststoffen ist gleich eins und kann daher „weggelassen werden".)

Für sehr exakte Rechnungen müssen wir statt der Einwaagekonzentrationen die effektiven Konzentrationen (oder Aktivitäten) der Produkte und Edukte verwenden. Diese werden – gerade bei Ionen – oft mit Aktivitätskoeffizienten berechnet (Stichwort: Debye-Hückel-Theorie).

Die thermodynamische Konvention für Konzentrationsmaße legt die Einheit der Gleichgewichtskonstante fest: $\frac{mol^2}{L^2}$ für unser Beispiel.

5.9 Wie berechnen wir die thermodynamische Gleichgewichtskonstante?

H^+ und OH^- sind um etwa 80 kJ instabiler als Wasser. Aus diesem Stabilitätsunterschied (Standardantrieb $\Delta_r G^\circ$) können wir nun in der Tat den Zahlenwert der Gleichgewichtskonstante ermitteln, und zwar geht das nach dieser Gleichung.

$$\{K_{eq}\} = \exp\left(-\frac{\Delta_r G^\circ}{RT}\right) \tag{5.11}$$

Die geschweifte Klammer $\{K_{eq}\}$ bedeutet: Zahlenwert von K_{eq}. (Häufiger wird die eckige Klammer um eine physikalische Größe verwendet $[K_{eq}]$ bedeutet: Einheit von K_{eq}).

Wir setzen alle Größen ein und erhalten für K_{eq} einen Zahlenwert von

$$\{K_{eq}\} = -\exp\left(\frac{79850 \frac{J}{mol}}{8{,}314 \frac{J}{molK} 298\ K}\right) = e^{-0{,}032} = 1{,}0 \cdot 10^{-14} \tag{5.12}$$

Zusammen mit der vorhin diskutierten Einheit erhalten wir für die Gleichgewichtskonstante der Protolyse von Wasser

$$K_{eq} = 1{,}0 \cdot 10^{-14} \left[\frac{mol}{L}\right]^2 \tag{5.13}$$

Da in neutralem Wasser gelten muss

$$[H^+] = [OH^-] \tag{5.14}$$

und der Molenbruch von (fast) reinen Flüssigkeiten und Feststoffen gleich eins gesetzt werden kann, kann aus der Gleichgewichtskonstanten die Konzentration der Protonen und damit der pH-Wert ermittelt werden

$$K_{eq} = [H^+][OH^-] \tag{5.15}$$

$$[H^+] = \sqrt{K_{eq}} \tag{5.16}$$

$$pH = -\log\left(\frac{[H^+]}{\frac{mol}{L}}\right) \tag{5.17}$$

Bei 25 °C ergibt sich hieraus ein pH-Wert von 7 für neutrales Wasser.

$$[H^+] = \sqrt{1{,}0 \cdot 10^{-14}\left[\frac{mol}{L}\right]^2} = 1{,}0 \cdot 10^{-7}\frac{mol}{L} \tag{5.18}$$

$$pH = \log\left(\frac{1{,}0 \quad 10^{-7}\frac{mol}{L}}{\frac{mol}{L}}\right) \quad 7{,}0 \tag{5.19}$$

5.10 Wie klassifizieren wir einen Prozess in einem Entropie/Enthalpie-Diagramm?

Generell können wir jeden Prozess thermodynamisch klassifizieren hinsichtlich der Energie- und der Entropieänderung. Wir wollen nun in einem Koordinaten-system die Entropieänderung $\Delta_r S$ als Abszisse und die Enthalpieänderung $\Delta_r H$ als Ordinate einzeichnen (Abb. 5.6). Dann können wir die vier Kombinationen in den vier Quadranten diskutieren und Beispielreaktionen formulieren.

Prozesse, bei denen die Energie und die Entropie „mit uns sind", also die Energie abnimmt ($\Delta_r H < 0$) und die Entropie zunimmt ($\Delta_r S > 0$), sind immer exergonisch, haben immer einen Antrieb, z. B. die endotrope und exotherme Zer-setzung von Ammoniumnitrat

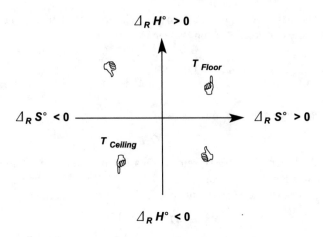

Abb. 5.6 $\Delta H°$- und $\Delta S°$-Kombinationen

$$2\,NH_4NO_3 \; \rightleftharpoons 4\,H_2O(g) + 2\,N_2(g) + O_2(g) \qquad (5.20)$$

Auf der anderen Seite sind Prozesse, bei denen die Energie und die Entropie „nicht mit uns sind" ($\Delta_r S < 0$; $\Delta_r H > 0$), immer endergonisch. Die exotrope endotherme Umwandlung von Graphit in Diamant ist hier ein Beispiel.

$$C(s, graphite) \; \rightleftharpoons C(s, diamond) \qquad (5.21)$$

Bei vielen Reaktionen ist die Temperatur für den Antrieb ausschlaggebend.
Die Zersetzung von N_2O_4 in NO_2

$$N_2O_4(g) \; \rightleftharpoons 2NO_2(g) \qquad (5.22)$$

ist zwar endotherm ($\Delta_r H < 0$; „die Energie ist nicht mit uns"), aber endotrop ($\Delta_r S > 0$; „die Entropie ist mit uns"). Das bedeutet, dass bei niedriger Temperatur, wo die Energie die Oberhand hat, die Reaktion keinen Standardantrieb hat; bei hoher Temperatur aber sehr wohl. Es gibt eine Grenztemperatur, das ist die **Floor-Temperatur.**

$$T_{floor} = \frac{\Delta_r H}{\Delta_r S} \qquad \qquad (5.23)$$

Umgekehrt gilt: Für Reaktionen im unteren linken Quadranten ist „die Energie mit uns" ($\Delta_r H < 0$), aber „die Entropie nicht mit uns" ($\Delta_r S < 0$). Da die Temperatur an der Seite der Entropie kämpft, heißt das, dass bei niedriger Temperatur Standard-Antrieb vorhanden ist (das Gleichgewicht also rechts liegt) und bei hoher Temperatur kein Standard-Antrieb vorliegt (Gleichgewicht liegt links). Wir haben hier eine **Ceiling-Temperatur.**

$$T_{ceiling} = \frac{\Delta_r H}{\Delta_r S} \qquad (5.24)$$

5.11 Wie verändert die Temperatur Standardantrieb und Gleichgewichtskonstante?

Wir sahen, dass die Temperatur einen großen Einfluss auf den Standardantrieb $\Delta_{rxn} G^\circ$ und auch auf die Gleichgewichtskonstante $\{K_{eq}\}$ hat. Wir wollen jetzt diesen Einfluss quantifizieren. Wir betrachten die GIBBS-HELMHOLTZ-Gleichung, die den Einfluss der Temperatur auf den Standardantrieb verdeutlicht

$$\Delta_r G^\circ = \Delta_r H^\circ - T \Delta_r S \qquad (5.25)$$

und wir betrachten die Gleichung, mit der wir die Gleichgewichtskonstante ausrechnen können – auch hier spielt die Temperatur eine Rolle.

$$ln\{K_{eq}\} = -\frac{\Delta_r G^\circ}{RT} \qquad (5.26)$$

Wenn wir diese beiden Gleichungen zusammenfassen, erhalten wir folgenden Ausdruck, der die Funktion $\{K_{eq}\} = f(T)$ beschreibt.

$$ln\{K_{eq}\} = -\frac{\Delta_r H°}{R}\frac{1}{T} + \frac{\Delta_r S°}{R} \tag{5.27}$$

Wir sehen, dass die Gleichgewichtskonstante in nicht ganz so einfacher Art und Weise von der Temperatur abhängt. Wir können aus dieser Gleichung eine lineare Beziehung herstellen, wenn wir $\ln\left(\{K_{eq}\}\right)$ gegen den Kehrwert der absoluten Temperatur $1/T$ auftragen – dies ist die sog. VAN'T-HOFF-Reaktionsisobare.

Die VAN'T HOFF'sche Reaktionsisobare ist eine Gerade. In Abb. 5.7 wurden die Gleichgewichtskonstanten von zwei unterschiedlichen Reaktionen bei verschiedenen Temperaturen gemessen und nach VAN'T HOFF aufgetragen.

Beachten Sie, dass die Gleichgewichtskonstante in einem Fall mit der Temperatur ansteigt (blaue Kurve) und im anderen Fall mit der Temperatur kleiner wird (rote Kurve). Gemäß der VAN'T HOFF'schen Gleichung muss dann die Reaktionsenthalpie im ersten Fall negativ sein (exotherme Reaktion); im zweiten Fall handelt es sich um einen endotherme Reaktion.

Wir können mit der Gleichung von VAN'T HOFF auch Gleichgewichtskonstanten von einer Temperatur T auf eine andere Temperatur T' umrechnen.

$$ln\left(\frac{K_{eq}'}{K_{eq}}\right) = -\frac{\Delta_r H}{R}\left(\frac{1}{T'} - \frac{1}{T}\right) \tag{5.28}$$

5.12   Wie können wir die Lage eines Gleichgewichts verändern?

Qualitativ können wir aus Abb. 5.7 festhalten, dass die Gleichgewichtskonstante einer endothermen Reaktionen mit steigender Temperatur größer wird.

Abb. 5.7 VAN'T HOFF'sche Reaktionsisobaren für eine endotherme und eine exotherme Reaktion

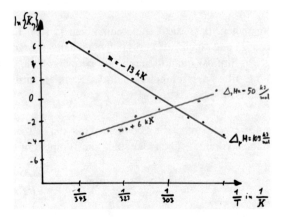

Das Umgekehrte gilt für exotherme Reaktionen.

Als Erweiterung dieser Aussage haben LE CHATELIER und BRAUN das allgemeine **Prinzip des kleinsten Zwanges** für Gleichgewichte formuliert:

„Wenn wir auf ein System im Gleichgewicht einen Zwang ausüben, dann verschiebt sich dieses Gleichgewicht, indem es dem Zwang ausweicht – indem es eine angebotene Größe verbraucht."

Wir wollen anhand eines Beispiels – dem Zerfall von N_2O_4

$$N_2O_4(g) \rightleftharpoons 2\,NO_2(g) \tag{5.29}$$

dieses Prinzip erläutern.

Die Lage dieses speziellen Gleichgewichts lässt sich leicht optisch detektieren. N_2O_4 ist ein farbloses Gas, NO_2 ist ein braun gefärbtes Gas.

Die Reaktion vom $N_2O_4(g)$ zum $NO_2(g)$ ist endotherm, verbraucht also Wärme. Wenn wir die Temperatur erhöhen – damit quasi Wärme anbieten – wird sich das Gleichgewicht in die Richtung verschieben, in welche die Wärme verbraucht wird, sprich auf die rechte Seite. Quantitativ haben wir dies schon mit der VAN'T HOFF'schen Gleichung diskutiert: Endotherme Reaktionen verschieben ihr Gleichgewicht mit höherer Temperatur auf die rechte Seite.

$$\Delta_r H > 0 : T \uparrow \;\Rightarrow\; \{K_{eq}\} \uparrow \tag{5.30}$$

$$\Delta_r H < 0 : T \uparrow \;\Rightarrow\; \{K_{eq}\} \downarrow \tag{5.31}$$

Beim Prozess $N_2O_4(g)$ zu $NO_2(g)$ nimmt das Volumen zu – es ist ein endochorer Prozess. Wenn wir jetzt den Druck erhöhen, dann weicht das Gleichgewicht in die Richtung aus, wo das Volumen kleiner ist, sprich, es verschiebt sich nach links.

$$\Delta_r V > 0 : p \uparrow \;\Rightarrow\; \textit{Produktausbeute} \downarrow \tag{5.32}$$

$$\Delta_r V < 0 : p \uparrow \;\Rightarrow\; \textit{Produktausbeute} \uparrow \tag{5.33}$$

5.13 Wie können wir endergonische Reaktionen erzwingen?

Es gibt auch Reaktionen, die bei jeder Temperatur endergonisch sind, die also nie einen Standardantrieb haben. Was können wir in diesem Fall tun? Wir können diese Reaktion mit einem mechanischen Analogon verdeutlichen: Ein Gewicht, welches auf dem Boden liegt, wird sich niemals freiwillig nach oben bewegen – bei keiner Temperatur! Dieser Prozess des Anhebens nach oben hat keinen Antrieb. Wenn wir diesen Prozess erzwingen wollen, müssen wir von außen Energie zuführen. Und zwar nicht als Wärme, sondern als Nutzarbeit, z. B. indem wir im mechanischen Fall einen elektrischen Motor anschließen. Eine solch hartnäckig endergonische Reaktion ist z. B. die Umwandlung von CO_2 und Wasser in Glucose und Sauerstoff.

$$6\,CO_2(g) + 6\,H_2O(g) \rightarrow C_6H_{12}O_6(s) + 6\,O_2(g) \qquad (5.34)$$

Diese sog. Photosynthese funktioniert nur, weil von außen Lichtenergie – also keine Wärme – ins System eingespeist wird und eingekoppelt werden kann in den Reaktionsvorgang.

Genauso wenig wird sich Kochsalz freiwillig in Natrium und Chlor spalten.

$$NaCl(s) \rightarrow Na(l) + \frac{1}{2}Cl_2(g) \qquad (5.35)$$

Das geht nur, wenn wir von außen elektrische Energie mittels Elektrolyse einspeisen.

Es gibt noch eine andere Möglichkeit, das Gewicht in unserem mechanischen Analogon anzuheben. Wir müssen einen weiteren Prozess, der einen großen Antrieb hat, an den hartnäckig endergonischen Prozess ankoppeln. Das kann z. B. in unserem mechanischen Analogon so aussehen, dass wir ein weiteres Gewicht aus einer gewissen Höhe nach unten bewegen – das geht freiwillig, das ist spontan – und diesen exergonischen Prozess über einen Flaschenzug an unser erstes Gewicht ankoppeln. Das Koppeln mehrerer Reaktionen ist in der Biochemie z. B. sehr häufig. Die ATP ->ADP Reaktion ist eine exergonische Reaktion mit hohem Antrieb, die gerne eingekoppelt wird.

Wir können aber z. B. auch die endergonische Zersetzung von Eisenoxid zu Eisen

$$Fe_2O_3 \rightarrow 2Fe(l) + \frac{3}{2}O_2(g) \qquad (5.36)$$

provozieren, indem wir den Sauerstoff durch eine weitere Reaktion aus dem Gleichgewicht abziehen, z. B. mit Aluminium oder Magnesium.

5.14   Zusammenfassung

Wir haben gesehen, dass der Antrieb eines Prozesses zwei Anteile hat – einen energetische Anteil $\Delta_r H^\circ$ und einen entropischen Anteil $\Delta_r S^\circ$.

$$\Delta_r G° = \Delta_r H° - T \cdot \Delta_r S° \tag{5.37}$$

An der Seite von $\Delta_r S°$ steht noch die Temperatur. Von Größe und Vorzeichen von $\Delta_r H°$ und $\Delta_r S°$ und unter Umständen auch noch von der Temperatur hängt es nun ab, wie groß der Antrieb eines Prozesses ist. Der Standardantrieb $\Delta_r G°$ beschreibt den Unterschied der Instabilität zwischen Eduken und Produkten. Aus $\Delta_r G°$ können wir die Gleichgewichtskonstante K_{eq} berechnen.

$$ln\{K_{eq}\} = -\frac{\Delta_r G°}{RT} \tag{5.38}$$

Die Temperaturabhängigkeit der Gleichgewichtskonstanten wird durch die Gleichung von VAN'T HOFF beschrieben.

$$ln\{K_{eq}\} = -\frac{\Delta_r H°}{R}\frac{1}{T} + \frac{\Delta_r S°}{R} \tag{5.39}$$

Qualitativ können wir die Verschiebung von Gleichgewichten mit dem Prinzip des kleinsten Zwanges diskutieren.

5.15 Testfragen

1. Markieren Sie die korrekte(n) Aussage(n)
   a) Exotherme endotrope Prozesse sind immer exergonisch.
   b) Exotherme exotrope Prozesse sind unterhalb der Ceiling-Temperatur exergonisch
   c) Endotherme endotrope Prozesse sind oberhalb der Floor-Temperatur endergonisch
2. Welche Maßnahmen hinsichtlich Druck und Temperatur begünstigen die Ausbeute an Produkt bei folgenden Gleichgewichtsreaktionen?

   a) CO_2 (g) + C (s) $\rightleftharpoons$ 2 CO (g) (endotherm)
   b) H_2 (g) + $H_2C = CH_2$ (g) $\rightleftharpoons$ $H_3C{-}CH_3$ (g)(exotherm)
   c) CO_2 (g) $\rightleftharpoons$ CO_2 (aq)(exotherm und exochor)

3. Die Neutralisationsreaktion ist exotherm und endotrop. Der pH-Wert von reinem Wasser bei 25 °C beträgt 7,0. Wie ist der pH-Wert von reinem Wasser bei 37 °C?

   a) pH > 7,0
   b) pH = 7,0
   c) pH < 7,0

4. Warum werden spontane Prozesse manchmal als „bergab" in der freien Enthalpie bezeichnet?

   a) Ein Gleichgewicht wird immer dann erreicht, wenn sowohl die Enthalpie als auch die Entropie abnehmen.
   b) Der Unterschied der freien Enthalpie zwischen einem Produkt und einem Reaktanten ist immer negativ.
   c) Ein Gleichgewicht entspricht einen Zustand minimaler freier Energie.

5.16 Übungsaufgaben

1. Diskutieren Sie die „Wassergas-Shift-Reaktion":

$$CO(g) + H_2O(g) \rightleftharpoons CO_2(g) + H_2(g) \tag{5.40}$$

   a) Ist die Reaktion zu Kohlendioxid bei 25 °C endotherm oder exotherm?
   b) Ist die Reaktion zu Kohlendioxid bei 25 °C endergonisch oder exergonisch?

2. Ab welcher Temperatur T_{floor} beginnt sich Calciumcarbonat ($CaCO_3$) zu zersetzen ($p = 100$ kPa)? Verwenden Sie zur Rechnung die Daten für 25 °C (sog. „ULICH'sche Näherung")?

$$CaCO_3(s) \rightleftharpoons CaO(s) + CO_2(g) \qquad (5.41)$$

3. Berechnen Sie die Standard-Affinität der Neutralisationsreaktion $\Delta_r G°$ bei 25 °C.

$$H^+(aq) + OH^-(aq) \rightleftharpoons H_2O(l) \qquad (5.42)$$

4. Berechnen Sie die Gleichgewichtskonstante K_{GG} für das BOUDOUARD-Gleichgewicht

$$CO_2(g) + C(s) \rightleftharpoons 2CO(g) \qquad (5.43)$$

bei 500 °C

Dampfdruck

6

6.1 Motivation

Flüssigkeiten können verdampfen; Gase können kondensieren. Bei welchen Drücken und Temperaturen tun sie das (Abb. 6.1)?

Die quantitative Beschreibung von Phasenübergängen ist Grundlage für das Verständnis und die Auslegung von Trennmethoden wie Destillation, Extraktion oder Absorption.

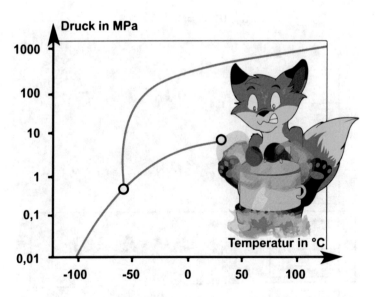

Abb. 6.1 Wie beschreiben wir Phasengleichgewichte? (https://doi.org/10.5446/40353)

© Der/die Autor(en), exklusiv lizenziert durch Springer-Verlag GmbH, DE, ein Teil von Springer Nature 2022
J. „SciFox" Lauth, *Physikalische Chemie kompakt,*
https://doi.org/10.1007/978-3-662-64588-8_6

6.2   Was ist der Dampfdruck?

In diesem Kapitel beginnen wir das Thema „Phasengleichgewichte" und diskutieren hauptsächlich den Dampfdruck.

Was ist überhaupt der Dampfdruck?

Stellen wir uns vor, wir haben ein evakuiertes Gefäß bei 20 °C und wir geben flüssiges Wasser hinein. Zunächst wird der Druck im Gefäß (bzw. im System, wie der Thermodynamiker sagt) 0 kPa betragen (Abb. 6.2 oben). Das Wasser wird aber beginnen, zu verdunsten, und der Druck oberhalb der flüssigen Phase wird ansteigen. Es baut sich ein Wasserdampf-Partialdruck in der Gasphase auf – dieser beträgt im zweiten Bild

$$p_{H_2O} = \textbf{1,15 kPa} \tag{6.1}$$

Das Wasser wird weiter verdunsten und bei 2,34 kPa wird der Druck oberhalb der flüssigen Phase konstant bleiben. Wir sind jetzt im Gleichgewicht – im Phasengleichgewicht. Den Gleichgewichts-Partialdruck über einer kondensierten Phase nennen wir **Dampfdruck** p^*. Der Dampfdruck von Wasser bei 20 °C beträgt

$$p_{H_2O}(\textbf{20 °C}) = \textbf{2,34 kPa} = p^*_{H_2O} \tag{6.2}$$

Der Index * soll uns daran erinnern, dass es sich um einen Dampfdruck handelt. Der Dampfdruck ist stark abhängig von der Temperatur. Flüssiges Wasser bei 0 °C hat den Dampfdruck

$$p^*_{H_2O}(0\,°C) = 0{,}612 \text{ kPa} \tag{6.3}$$

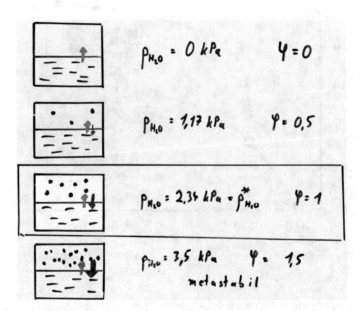

Abb. 6.2 Entstehung des Dampfdrucks von Wasser bei 20 °C

Und bei 100 °C beträgt der Dampfdruck von Wasser

$$p^*_{H_2O}(100\,^\circ C) = 101{,}3 \text{ kPa} \tag{6.4}$$

101,3 kPa sind genau 1,00 atm und damit ungefähr Standard-Außendruck. Wenn der Dampfdruck einer Flüssigkeit gleich dem Außendruck ist, siedet eine Flüssigkeit; 100 °C ist die normale Siedetemperatur von Wasser.

Wenn wir den Partialdruck von Wasser zum Dampfdruck von Wasser in Relation setzen, erhalten wir die **relative Feuchte** φ.

$$\varphi = \frac{p^*_{H_2O}}{p^*_{H_2O}} \tag{6.5}$$

Diese relative Feuchte beträgt 1,0 bzw. 100 %, wenn der Dampfdruck erreicht ist. In dem zweiten Bild von Abb. 6.2 haben wir z. B. 50 % relative Feuchte, im ersten Bild 0 % relative Feuchte. Wir können die Gasphase sogar an Wasserdampf übersättigen, dann ist $\varphi > 1$; das ist jedoch ein metastabiler Zustand.

6.3   Wann sind zwei Phasen im Gleichgewicht?

Der Dampfdruck ist ein Sonderfall für ein Phasengleichgewicht.

$$H_2O(\textit{Phase }\alpha) \quad \overset{\alpha \to \beta}{\underset{\beta \to \alpha}{\rightleftharpoons}} \quad H_2O(\textit{Phase }\beta) \tag{6.6}$$

Bei jedem Phasengleichgewicht gibt es mindestens eine Komponente, welche die Phasengrenze durchwandern kann, also zwischen zwei Phasen wechseln kann (Abb. 6.3). Wir nennen diese Komponente „**Übergangskomponente**".

Wie lautet ist in diesem Fall die Bedingung für Gleichgewicht? Wir können die Situation thermodynamisch betrachten: Gleichgewicht herrscht immer dann, wenn sich die Wassermoleküle in beiden Phasen gleich wohl fühlen, wenn das **chemische Potenzial** – die Instabilität – des Wassers **in beiden Phasen gleich** ist.

$$\mu^\alpha_{H_2O} = \mu^\beta_{H_2O} \tag{6.7}$$

Das ist die allgemeine thermodynamische Bedingung für Phasengleichgewichte: Das chemische Potenzial der Übergangskomponente in der einen Phase ist gleich dem chemischen Potenzial der Übergangskomponente in der anderen Phase.

Wir können die Frage auch kinetisch betrachten: Gleichgewicht herrscht dann, wenn die Geschwindigkeit des Übergangs der Komponente von Phase α zu Phase β – in unserem Beispiel die Verdunstungsgeschwindigkeit des Wassers – genauso groß ist wie die Geschwindigkeit des Übergangs der Komponente von Phase β in Phase α zurück – in unserem Beispiel die Kondensationsgeschwindigkeit.

$$r(\alpha \to \beta) = r(\beta \to \alpha) \tag{6.8}$$

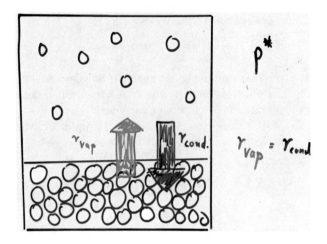

Abb. 6.3 Dampfdruck von Wasser als dynamisches Gleichgewicht aus Kondensation und Verdunstung

Dies ist ein Beispiel für ein sogenanntes **dynamisches Gleichgewicht.** Makroskopisch stellen wir keine Veränderung fest, aber mikroskopisch laufen eine Hinreaktion und eine Rückreaktion mit gleicher Geschwindigkeit.

6.4   Welche Faktoren beeinflussen den Dampfdruck?

Der Dampfdruck einer Substanz hängt vor allem von der Flüchtigkeit dieser Substanz ab, quantifiziert durch ihre Verdampfungsenthalpie

$$p^*_i = f\left(\Delta_{vap}H^\circ\right) \tag{6.9}$$

Wasser hat daher einen kleineren Dampfdruck als ein Leichtsieder wie Ethanol.

$$p^*_{H_2O}(20\,^\circ C) = 2{,}34 \text{ kPa} \tag{6.10}$$

$$p^*_{C_2H_5OH}(20\,^\circ C) = 5{,}8 \text{ kPa} \tag{6.11}$$

Tatsächlich können wir den Dampfdruck als ein Maß für die „Fluchttendenz" eines Moleküls aus der flüssigen Phase auffassen.

Wie schon kurz erwähnt, hängt der Dampfdruck vor allem von der Temperatur ab.

$$p^*_i = f(T) \tag{6.12}$$

Als Faustregel kann gelten, dass sich der Dampfdruck bei zehn Grad Temperaturerhöhung fast verdoppelt. Dies entspricht einer Exponentialfunktion, wie wir gleich sehen werden (**CLAUSIUS-CLAPEYRON**'sche Gleichung).

Der Dampfdruck ist auch abhängig von der Reinheit der Phase. Wenn wir zu unserem Wasser einen Fremdstoff hinzu mischen, sinkt der Dampfdruck ab.

$$p^*_i = f(x) \tag{6.13}$$

Als Faustregel gilt hier: 1 % Fremdstoffanteil senkt den Dampfdruck um 1 % (**1. Raoult'sches Gesetz**).

Der Dampfdruck hängt in geringen Maß auch davon ab, ob wir eine ebene Oberfläche oder eine gekrümmte Oberfläche haben. Bei kleinen Tröpfchen ist z. B. der Dampfdruck ein wenig größer als bei einer ebenen Oberfläche (**KELVIN-Gleichung**).

$$p^*_i = f(r) \tag{6.14}$$

Der Dampfdruck steigt auch, wenn ein Inertgas unter hohem Druck zusätzlich vorliegt.

$$p^*_i = f(p_{inert}) \tag{6.15}$$

6.5   Wie sieht das Dampfdruckdiagramm eines reinen Stoffes aus?

Wir erinnern uns an das dreidimensionale $p\overline{V}T$-Zustandsdiagramm (Abb. 6.4). Selbstverständlich können wir auch hier den Dampfdruck visualisieren.

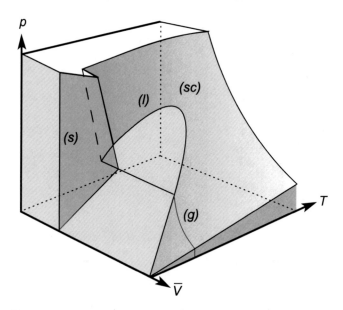

Abb. 6.4 $p\overline{V}T$-Zustandsdiagramm von Wasser (H_2O, Einkomponentensystem); (s): fest; (l): flüssig; (g): gasförmig; (sc): überkritisch

Es ist der Bereich, in welchem gleichzeitig Flüssigkeit und Gas vorliegen, abgegrenzt von den homogenen Bereichen durch eine Binodale in Form einer umgedrehten Parabel. Wenn wir das $p\overline{V}T$-Zustandsdiagramm auf die pT-Fläche projizieren, wird der Zweiphasenbereich zu einer Linie verkürzt und wir erhalten ein zweidimensionales Dampfdruckdiagramm eines reinen Stoffes, welches wir im Folgenden diskutieren wollen (Abb. 6.5).

Wir erkennen drei Linien im Diagramm; es sind dies die Dampfdruckkurve, die Sublimationsdruckkurve und die Schmelzdruckkurve. Diese drei Linien treffen sich in einem Punkt – im sog. **Tripelpunkt.** Der Tripelpunkt liegt für Wasser bei 0,01 °C und 0,612 kPa und ist ein von der Natur vorgegebener Fixpunkt, der sich z. B. zum Eichen von Thermometern eignet.

$$p_{H_2O}^*(0{,}01\,°C) = 0{,}612 \text{ kPa} \tag{6.16}$$

Der Tripelpunkt markiert den Beginn der Dampfdruckkurve. Die Dampfdruckkurve steigt nach rechts an und endet am **kritischen Punkt.** Der kritische Punkt vom Wasser liegt bei 374 °C und 22 000 kPa.

$$p_{H_2O}^*(374\,°C) = 22 \text{ MPa} \tag{6.17}$$

Wir können in diesem Diagramm Siedepunkte der Flüssigkeit für beliebige Drücke ablesen. Der „normale" Siedepunkt vom Wasser bei 101 kPa liegt z. B. bei 100 °C.

$$p_{H_2O}^*(100\,°C) = 101{,}3 \text{ kPa} \tag{6.18}$$

Bei 20 °C beträgt der Dampfdruck des Wassers 2,34 kPa; wenn wir einen Druck von 2,34 kPa als Außendruck hätten, würde Wasser schon bei 20 °C sieden.

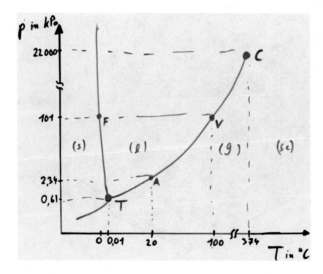

Abb. 6.5 pT-Diagramm von Wasser mit Tripelpunkt (T) und kritischem Punkt (C) sowie Standard-Schmelzpunkt (F) und Standard-Siedepunkt (V)

$$p_{H_2O}^*(20\,^{\circ}C) = 2{,}34 \text{ kPa} \tag{6.19}$$

Wir können mit Abb. 6.5 auch die Temperatur bestimmen, bei der gasförmiges Wasser kondensiert (sog. **Taupunkt**). Am Taupunkt ist der Dampfdruck gleich dem Partialdruck.

6.6   Wie können wird die Dampfdruckkurve mathematisch beschreiben?

Es hat nicht an Versuchen gefehlt, die Dampfkurve mathematisch zu beschreiben. CLAUSIUS und CLAPEYRON haben in der nach ihnen benannten **Gleichung** zwei Punkte auf der Dampfdruckkurve $(T, p^{*\prime}; T', p^{*\prime})$ über die Verdampfungsenthalpie $\Delta_{vap}H^{\circ}$ in Relation gesetzt.

$$\ln\left(\frac{p^{*\prime}}{p^*}\right) = -\frac{\Delta_{vap}H^{\circ}}{R}\left(\frac{1}{T'} - \frac{1}{T}\right) \tag{6.20}$$

Noch beliebter für die Berechnung von Dampfdrücken ist die ANTOINE-Gleichung, die jeder Flüssigkeit drei ANTOINE-Faktoren A, B und C zuordnet (ausführliche Tabelle siehe Anhang).

$$\log\left(\frac{p^*}{\text{kPa}}\right) = A - \frac{B}{C+T} \tag{6.21}$$

Sie liefert sehr präzise Ergebnisse für Dampfdrücke, hat aber keinen so schönen theoretischen Hintergrund wie die Gleichung von **Clausius-Clapeyron**.

6.7   Wie können wir die Dampfdruckkurve auswerten?

Mithilfe der CLAUSIUS-CLAPEYRON'schen Gleichung können wir eine Dampfdruck-kurve auch auswerten: Wir müssen den Logarithmus des Dampfdruckes gegen den Kehrwert der absoluten Temperatur auftragen und erhalten dann eine Gerade mit negativer Steigung (Abb. 6.6).

Aus der Steigung können wir die Verdampfungsenthalpie $\Delta_{vap}H^{\circ}$ (oder Verdampfungswärme) ermitteln. Die Verdampfungsenthalpie von Wasser liegt bei 25 °C bei ca. 40 kJ/mol (zum Vergleich: mittlere thermische Energie bei 25 °C $\sim$ 4 kJ/mol; Bindungsenthalpie der O–H-Bindung: $\sim$400 kJ/mol).

6.8   Haben Feststoffe einen Dampfdruck?

Wenn wir flüssiges Wasser von 20 °C auf 0 °C abkühlen, sinkt der Dampfdruck auf etwa ein Viertel des ursprünglichen Wertes ab.

$$p_{H_2O,l}^*(0\,^{\circ}C) = 0{,}61 \text{ kPa} \tag{6.22}$$

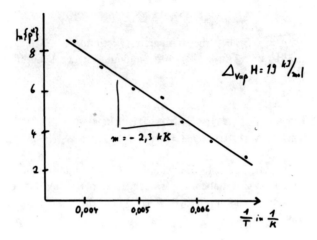

Abb. 6.6 CLAUSIUS-CLAPEYRON-Auftragung der Dampfdruckkurve und Ermittlung der molaren Verdampfungsenthalpie

Wir können flüssiges Wasser auch unter 0 °C abkühlen, z. B. auf –10 °C; dann messen wir einen Dampfdruck von nur noch

$$p^*_{H_2O,l}\left(-10^\circ C\right) = 0{,}29 \text{ kPa} \qquad (6.23)$$

Dieser Wert liegt auf der roten Kurve (links) in Abb. 6.7. Festes Eis bei –10 °C hat einen niedrigeren Dampfdruck – nämlich

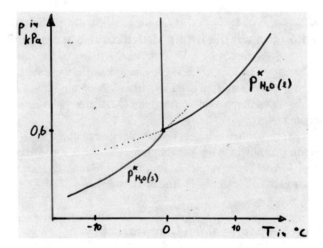

Abb. 6.7 Dampfdruckkurven von flüssigem und festem Wasser mit Tripelpunkt (Ausschnitt aus dem pT-Diagramm)

$$p^*_{Eis}(-10°C) = 0,26 \text{ kPa} \tag{6.24}$$

Dieser Wert liegt auf der blauen Kurve in Abb. 6.7 (rechts). Niedriger Dampfdruck bedeutet, dass die Wassermoleküle sich in dieser Phase wohler fühlen, sie besitzen ein geringeres chemisches Potenzial, sie sind weniger instabil. Bei 0 °C besitzen Eis und flüssiges Wasser den gleichen Dampfdruck – bei 0 °C sind beide Phasen gleich stabil.

$$p^*_{Eis}(0°C) = 0,61 \text{ kPa} \tag{6.25}$$

6.9 Wie können wir die Zusammensetzung einer Mischung beschreiben?

Was passiert, wenn wir in unserem Lösemittel Wasser einen Stoff auflösen (Abb. 6.8)?

Bevor wir uns mit den Eigenschaften der Mischung beschäftigen, müssen wir zunächst die Zusammensetzung der Mischung eindeutig beschreiben. Wir nehmen z. B. 1,00 kg Wasser als **Lösemittel** (abgekürzt mit A) und 1,00 mol Zucker als **gelösten Stoff** (abgekürzt mit B).

$$m_A = 1,00 \text{ kg} \tag{6.26}$$

$$n_B = 1,00 \text{ mol} \tag{6.27}$$

Wir erhalten eine homogene Mischung A/B, die etwa viermal so viel Zucker enthält wie Apfelsaft oder Eistee. Nun können wir z. B. den **Molenbruch** x dieser Mischung berechnen, indem wir die Stoffmenge des gelösten Stoffes B durch die Gesamtstoffmenge dividieren.

$$x_B = \frac{n_B}{n_B + n_A} \tag{6.28}$$

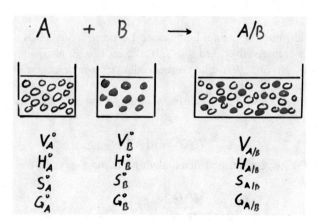

Abb. 6.8 Herstellung einer homogenen Mischung aus den Komponenten A und B

Unsere Lösung hat einen Stoffmengenanteil von 1,80 nol-% Zucker.

$$x_{Zucker} = 1,8 \text{ mol}\% \qquad (6.29)$$

Sehr beliebt als Konzentrationsangabe in der Chemie ist die **Molarität c**, die Stoffmengenkonzentration. Um diese zu berechnen, dividieren wir die Stoffmenge des gelösten Stoffes durch das Gesamtvolumen.

$$c_B = \frac{n_B}{V_{total}} \qquad (6.30)$$

$$c_{Zucker} = 0,82 \frac{\text{mol}}{\text{L}} \qquad (6.31)$$

Nicht zu verwechseln ist die Molarität c mit der **Molalität b**: Hierfür dividieren wir die Stoffmenge des gelösten Stoffes durch die Masse des Lösemittels A.

$$b_B = \frac{n_B}{m_A} \qquad (6.32)$$

$$b_{Zucker} = 1,00 \frac{\text{mol}}{\text{kg}} \qquad (6.33)$$

Bei sehr verdünnten Lösungen sind Molarität und Molalität ungefähr gleich. Eine solche verdünnte Lösung erhalten wir z. B., wenn wir 10 g Kohlendioxid in 1 kg Wasser lösen (dies entspricht einem klassischen Sprudelwasser). Wir erhalten eine Lösung der Molarität 0,23 mol/L und der Molalität 0,23 mol/kg. Bei gelösten Stoffen, die dissoziieren, ist die tatsächliche Anzahl der gelösten Teilchen relevant, die durch den *VAN'T HOFF*'schen **Faktor i** quantifiziert wird. Hier spricht man dann von **Osmolarität $i \cdot c$**, **Osmolalität $i \cdot b$** und **Osmolenbruch $i \cdot x$**.

6.10 Wie verteilt sich das Lösemittel zwischen Flüssigkeit und Gasphase?

Wie verhält sich nun der Dampfdruck einer Lösung im Vergleich zum Dampfdruck eines Lösemittels? Nehmen wir z. B. diesen Eistee, also eine Lösung von Zucker in Wasser, und betrachten erneut das Phasengleichgewicht zwischen flüssiger und gasförmiger Phase.

Die Wassermoleküle können zwischen Flüssigphase und Gasphase wechseln (Abb. 6.9).

$$H_2O^l \rightleftharpoons H_2O^g \qquad (6.34)$$

Wie für jedes Gleichgewicht lässt sich das Massenwirkungsgesetz formulieren.

$$\frac{[H_2O^g]}{[H_2O^l]} = K_{eq} \qquad (6.35)$$

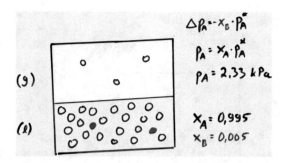

Abb. 6.9 Phasengleichgewicht des Lösemittels zwischen Flüssigphase und Gasphase am Beispiel von Eistee zur Verdeutlichung des 1. RAOULT'schen Gesetzes

Die Konzentration einer Gasphase müssen wir als Druck (in bar) formulieren; die Konzentration einer Flüssigkeit als deren Molenbruch. Wir erhalten dann das **1. RAOULT'sche Gesetz,** welches in Worten aussagt: Die Konzentration der Lösemittelmoleküle in der Gasphase geteilt durch die Konzentration des Lösemittelmoleküle in der Flüssigphase ist eine Konstante.

$$\frac{p_A}{x_A} = p^*_A \tag{6.36}$$

Wenn reines Wasser vorliegt, ist $x_A = 1$ und wir erhalten den klassischen Dampfdruck von Wasser

$$p^*_{H_2O}(20\,^\circ C) = 2{,}34 \text{ kPa} \tag{6.37}$$

Wenn wie im Beispiel des Eistees eine 0,5%ige Zuckerlösung vorliegt, ist die flüssige Phase nur 99,5%ig an Wasser und der Dampfdruck über dieser Lösung reduziert sich ebenfalls um 0,5 % auf

$$p^*_{H_2O,Zuckerlösung}(20\,^\circ C) = 2{,}27 \text{ kPa} \tag{6.38}$$

Das RAOULT'sche Gesetz gilt streng nur für **ideale Lösungen,** also solche Lösungen, bei denen A und B chemisch ähnlich und damit indifferent gegeneinander sind.

Falls sich die Komponenten A und B energetisch sympathisch oder unsympathisch sind, kommt es zu negativen oder positiven Abweichungen vom RAOULT'schen Gesetz.

6.11   Wie verteilt sich der gelöste Stoff zwischen Flüssigkeit und Gasphase?

Wenn wir nicht den schwerflüchtigen Zucker sondern ein Gas in Wasser lösen, z. B. Kohlendioxid in einer Limonade, dann entsteht ein weiteres Phasengleichgewicht, denn der gelöste Stoff B – in unserem Fall CO_2 – kann auch zwischen zwei Phasen hin und her wechseln (Abb. 6.10).

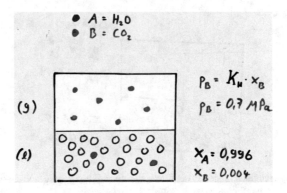

Abb. 6.10 Phasengleichgewicht des gelösten Stoffes zwischen Flüssigphase und Gasphase am Beispiel von Limonade zur Verdeutlichung des HENRY'schen Gesetzes

Das Gleichgewicht für die gelöste Komponente können wir in gleicher Art beschreiben wie das Gleichgewicht für das Lösemittel.

$$CO_2^l \rightleftharpoons CO_2^g \tag{6.39}$$

Wir formulieren das Massenwirkungsgesetz.

$$\frac{[CO_2^g]}{[CO_2^l]} = K_{eq} \tag{6.40}$$

In Worten: Der Druck vom CO_2 in der Gasphase dividiert durch den Molenbruch von CO_2 in der Flüssigphase ist eine Konstante.

$$\frac{p_B}{x_B} = K_{Henry} \tag{6.41}$$

Diese Gleichung ist das **HENRY'sche Gesetz der Absorption** und das sagt, genau wie das 1. RAOULT'sche Gesetz, aus, dass die Phasen paritätisch mit Komponenten besetzt sind. Wenn die Konzentration in Phase α steigt, muss sie auch in Phase β steigen.

Wir können mit dem HENRY'schen Gesetz ausrechnen, wie groß der Druck in der Limonadenflasche ist. Wir benötigen den Molenbruch des CO_2 in der flüssigen Phase (das sind 0,4 Mol-%) und wir benötigen die HENRY-Konstante für CO_2 in Wasser bei 20 °C.

$$K_{Henry}(CO_2) = 175 \text{ MPa} \tag{6.42}$$

Wir errechnen einen Druck von 0,7 MPa oder 7 bar in der Gasphase.

6.12   Wie verteilt sich ein gelöster Stoff zwischen zwei Flüssigphasen?

Der Vollständigkeit halber können wir auch noch ein weiteres Phasengleichgewicht hier anführen, nämlich das **Verteilungsgleichgewicht,** welches von **Nernst**beschrieben wurde.

Die beiden Phasen sind hier zwei Flüssigkeiten, die sich nicht mischen, z. B. Wasser und Öl. Wir betrachten eine dritte Komponente, die sich als Übergangskomponente zwischen diesen beiden Lösemitteln bewegen kann, z. B. Essigsäure zwischen Wasser und Öl (Abb. 6.11).

Wir formulieren wie beim RAOULT'schen oder HENRY'schen Gesetz das Gleichgewicht

$$B^{\alpha} \rightleftharpoons B^{\beta} \tag{6.43}$$

und das dazugehörige Massenwirkungsgesetz.

$$\frac{[B]^{\beta}}{[B]^{\alpha}} = K_{eq} \tag{6.44}$$

Die Konzentration der Essigsäure in der Ölphase, dividiert durch die Konzentration der Essigsäure in der wässrigen Phase, ist eine Konstante; die Phasen sind paritätisch mit der Übergangskomponente besetzt.

$$\frac{c_B^E}{c_B^R} = K_{Nernst} \tag{6.45}$$

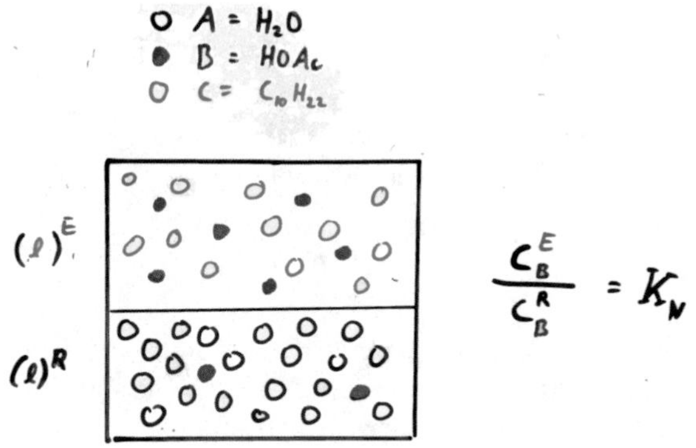

Abb. 6.11 Phasengleichgewicht der Übergangskomponente zwischen zwei Lösemitteln (Raffinat und Extraktionsmittel) zur Verdeutlichung des NERNST'schen Verteilungssatzes

Dieses **NERNST'sche Verteilungsgesetz** ist das Grundgesetz der Extraktion.

6.13   Zusammenfassung

Der Dampfdruck ist der Gleichgewichts-Partialdruck über einer kondensierten Phase. Der Dampfdruck hängt vor allem von der Flüchtigkeit der Substanz und von der Temperatur ab.

$$p^*_{H_2O} = f\left(\Delta_{vap}H^\circ, T, x\right) \tag{6.46}$$

Die Dampfdruckkurve eines Reinstoffes, die beim Tripelpunkt beginnt und beim kritischen Punkt endet, kann z. B. nach CLAUSIUS-CLAPEYRON beschrieben werden.

$$\ln\left(\frac{p^{*\prime}}{p^*}\right) = -\frac{\Delta_{vap}H^\circ}{R}\left(\frac{1}{T'} - \frac{1}{T}\right) \tag{6.47}$$

Über einer Lösung ist der Dampfdruck niedriger als über dem reinen Lösemittel – mathematisch durch das 1. RAOULT'sche Gesetz beschrieben.

$$\frac{p^*_A}{x_A} = p^*_A \tag{6.48}$$

Wenn wir ein Gas in einer Flüssigkeit lösen, dann ist die gelöste Gasmenge proportional zum Partialdruck des Gases oberhalb der Flüssigkeit – mathematisch beschrieben durch das HENRY'sche Gesetz der Absorption.

$$\frac{p_B}{x_B} = K_{Henry} \tag{6.49}$$

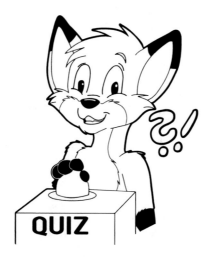

6.14 Testfragen

1. Wie reagiert der Dampfdruck über einer Flüssigkeit, wenn
   a. … die Temperatur steigt?
   b. … das Volumen der Gasphase zunimmt?
   c. … die Oberfläche eine negative Krümmung (Tropfen) besitzt?
   d. … eine weitere Flüssigkeit zugemischt wird (ideale Mischung)?
2. Markieren Sie die korrekte(n) Aussage(n).
   a. Unterkühltes flüssiges Wasser besitzt bei $-1\,°C$ einen geringeren Dampfdruck als Eis bei $-1\,°C$.
   b. Reines Wasser besitzt einen geringeren Dampfdruck als eine Salzlösung.
   c. Ein kleiner Wassertropfen besitzt einen geringeren Dampfdruck als ein großer Wassertropfen.
   d. Iod besitzt im Vakuum einen geringeren Dampfdruck als bei Anwesenheit von 100 bar Stickstoff (Inertgas).
   e. Je höher die **Henry**-Konstante, desto besser ist die Gaslöslichkeit.
3. Abb. 6.12 zeigt das Phasendiagramm von Kohlendioxid. Markieren Sie die korrekte(n) Aussage(n).
   a. Kohlendioxid kann bei $0\,°C$ durch Druck verflüssigt werden.
   b. Bei Standarddruck (100 kPa) kann es nur festes oder gasförmiges Kohlendioxid geben.
   c. Kohlendioxid kann bei $50\,°C$ durch Druck verflüssigt werden.

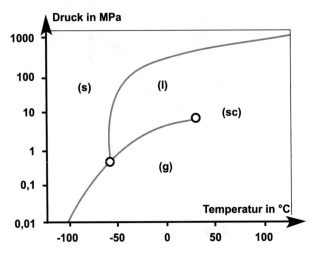

Abb. 6.12 Phasendiagramm (pT-Diagramm) von Kohlendioxid

d. Der Schmelzpunkt von festem Kohlendioxid ist beim Tripeldruck höher als bei 10 MPa.

6.15 Übungsaufgaben

Nutzen Sie für die Berechnungen die ANTOINE- oder CLAUSIUS-CLAPEYRON-Gleichung.

1. Wie viel Sauerstoff kann sich bei 25 °C in 1,00 kg Wasser lösen (im Gleichgewicht mit Luft ($p_{O2} = 21$ kPa))? (K_{Henry} (O_2 in Wasser, 25 °C) = 4,6 GPa)

2. Bei welcher Temperatur siedet Aceton bei einem Außendruck von 72 kPa?

3. Ermitteln Sie die Siedetemperatur von Ethanol bei 50 kPa.

4. Der Dampfdruck einer Flüssigkeit wird bei verschiedenen Temperaturen gemessen: Temperatur Dampfdruck 3,73 °C 0,743 kPa 10,59 °C 1,30 kPa.

Temperatur	Dampfdruck
3,73 °C	0,743 Pa
10,59 °C	1,30 Pa

a. Berechnen Sie die molare Verdampfungsenthalpie der Flüssigkeit.

b. Welchen Siedepunkt hätte die Flüssigkeit bei Standarddruck (100 kPa)?

5. Ein Rauchgas besitzt bei 100 kPa eine Temperatur von 100,0 °C und eine relative Feuchtigkeit von 20,0 %. Berechnen Sie den Taupunkt der Gasmischung.

Lösungen

7

7.1 Motivation

Wenn wir einen Stoff in einem Lösemittel auflösen, ändern sich dessen Eigenschaften. Wir werden in diesem Kapitel wichtige Eigenschaften von Lösungen quantitativ diskutieren (Abb. 7.1).

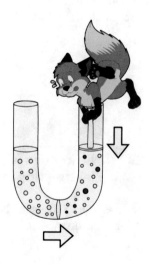

Abb. 7.1 Wie unterscheiden sich Lösemittel und Lösung? (https://doi. org/10.5446/40354)

Abb. 7.2 Herstellung einer homogenen Mischung aus den Komponenten A und B

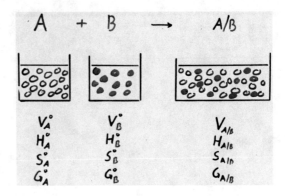

7.2 Wie können wir die Zusammensetzung einer Mischung angeben?

Bevor wir mit dem eigentlichen Thema starten, noch eine Anmerkung zur Konzentrationsangabe von Lösungen, insbesondere Salzlösungen (Abb. 7.2, Tab. 7.1).

Wenn wir z. B. 1,00 mol Zucker in 1,00 kg Wasser lösen, haben wir eine 1-molale Lösung: In einem Kilogramm Wasser befinden sich ein Mol gelöste Teilchen. Auf diese Anzahl der gelösten Teilchen kommt es bei den **kolligativen Eigenschaften** an.

$$b_B = \frac{n_B}{m_A} \tag{7.1}$$

$$b_{Zucker} = 1{,}0\,\frac{\text{mol}}{\text{kg}} \tag{7.2}$$

7.3 Wie können wir die Zusammensetzung einer Elektrolytlösung angeben?

Wenn wir eine Salzlösung herstellen, müssen wir deshalb berücksichtigen, ob und wie das Salz dissoziiert.

$$K_{\nu^+}A_{\nu^-} \xrightarrow{\alpha} \nu^+ K^{z^+} + \nu^- A^{z^-} \tag{7.3}$$

ν^+ und ν^- sind die Zerfallszahlen, z^+ und z^- sind die Ladungszahlen der Ionen, α ist der Dissoziationsgrad.

Tab. 7.1 Wichtige Konzentrationsmaße

(Os-)	Molenbruch	$x_B = \frac{n_B}{n_A + n_A}$	$(\cdot i)$
(Os-)	Molarität	$c_B = \frac{n_B}{V_{total}}$	$(\cdot i)$
(Os-)	Molalität	$b_B = \frac{n_B}{m_A}$	$(\cdot i)$
	Partialdichte (Massenkonzentration)	$\gamma_B = \frac{m_B}{V_{total}}$	

Ein halbes Mol Kochsalz erzeugt z. B. in Lösung ein Mol Teilchen – ein halbes Mol Kationen und ein halbes Mol Anionen.

$$NaCl \rightarrow Na^+ + Cl^- \tag{7.4}$$

Die Anzahl der gelösten Teilchen ist doppelt so hoch wie die eingesetzte Stoffmenge des Salzes. Dieses Verhältnis der Anzahl der gelösten Teilchen zur Anzahl der gelösten Mole Salz wird durch den *Van't-Hoff*-**Faktor** i quantifiziert.

$$i = (v_+ + v_- - 1)\alpha + 1 \tag{7.5}$$

Für komplett dissoziiertes Kochsalz ergibt sich

$$i = 2 \tag{7.6}$$

Nicht zu verwechseln ist der Van't-Hoff*-Faktor* i *mit der elektrochemischen Wertigkeit* n_e. *Letztere gibt an, wie viele positive Ladungen sich in 1 mol Elektrolyt befinden.*

$$n_e = v^+ z^+ = \left| v^- z^- \right| \tag{7.7}$$

Um die Anzahl der Teilchen auch in der Konzentrationsangabe zu quantifizieren, wurde die **Osmolarität** $i \cdot b_B$ und **Osmolalität** $i \cdot c_B$ eingeführt.

$$i \cdot b_B = i \cdot \frac{n_B}{m_A} \tag{7.8}$$

$$i \cdot c_B = i \cdot \frac{n_B}{V_{total}} \tag{7.9}$$

Unsere Lösung hat eine Molalität von

$$b_{NaCl} = 0{,}50 \frac{\text{mol}}{\text{kg}} \tag{7.10}$$

aber eine Osmolalität von

$$i \cdot b_{NaCl} = 1{,}00 \frac{\text{mol}}{\text{kg}} \tag{7.11}$$

Die Salzlösung enthält also genauso viel gelöste Teilchen wie die zuvor diskutierte Zuckerlösung. Die beiden Lösungen haben gleiche Osmolalität; die beiden Lösungen sind **isotonisch.**

Analog erhalten wir aus der Molarität durch Multiplikation mit der VAN'T-HOFF-Faktor *i* die Osmolarität.

7.4   Wie gut vertragen sich zwei Komponenten A und B?

Eine einfache Lösung besteht aus zwei Komponenten: dem Lösemittel A und dem gelösten Stoff B. Je nachdem, wie die Wechselwirkungen zwischen diesen Komponenten sind, unterscheidet man ideale und reale Lösungen. Wenn wir zwei chemisch sehr ähnliche Stoffe mischen, ist die Enthalpie der Mischung genauso groß wie die Enthalpie der Ausgangsstoffe; beim Mischen wird weder Wärme erzeugt noch verbraucht; die Mischungsenthalpie $\Delta_{mix}H^\circ$ ist null.

$$MeOH(l) + EtOH(l) \rightarrow MeOH/EtOH(l) \qquad (7.12)$$

$$\Delta_{mix}H^\circ = 0\frac{\text{kJ}}{\text{mol}} \qquad (7.13)$$

Wir sprechen hier von idealen Lösungen, der sogenannte *FLORY-HUGGINS-*Koeffizient, der die energetischen Wechselwirkungen zwischen den verschiedenen Komponenten quantifiziert, ist null.

$$\chi = 0 \qquad (7.14)$$

Sind sich die beiden Komponenten jedoch energetisch „sympathisch" oder „unsympathisch", wird beim Mischen Wärme frei oder Wärme verbraucht. Wir sprechen dann von realen Lösungen mit einem negativen oder positiven FLORY-HUGGINS-Koeffizienten.

$$HCl(conc.) + H_2O(l) \rightarrow HCl(dil.) \qquad (7.15)$$

$$\Delta_{dil}H^\circ = -10\frac{\text{kJ}}{\text{mol}} \qquad (7.16)$$

$$\chi < 0 \qquad (7.17)$$

$$KCl(s) + H_2O(l) \rightarrow KCl(aq) \qquad (7.18)$$

$$\Delta_{solv}H^\circ = +17\frac{\text{kJ}}{\text{mol}} \qquad (7.19)$$

$$\chi > 0 \qquad (7.20)$$

7.5 Wie beschreiben wir einen Mischprozess thermodynamisch?

FLORY und HUGGINS haben die Mischung zweier Komponenten thermodynamisch analysiert. Je nachdem, wie sich die Intra- zu den Inter-Komponentenwechselwirkungen verhalten, ist die Mischung entweder ideal, exotherm oder endotherm, ausgedrückt durch den FLORY-HUGGINS-Koeffizienten χ. Die Theorie gelangt dann beispielsweise zu Gleichungen, mit denen man die Mischungsenthalpie und Mischungsentropie berechnen kann.

$$\Delta_{mix}H = R\,T\,\chi\,x_A\,x_B \tag{7.21}$$

$$\Delta_{mix}S = -R(x_A ln(x_A) + x_B ln(x_B)) \tag{7.22}$$

Für detaillierte Diskussionen ist vor allem die Freie Mischungsenthalpie interessant, aus der sich z. B. ablesen lässt, ob und bei welchen Bedingungen eine Mischungslücke existiert.

$$\Delta_{mix}G = R\,T\,\chi\,x_A\,x_B + R\,T(x_A\,ln(x_A) + x_B\,ln(x_B)) \tag{7.23}$$

Die nachfolgenden Ausführungen gelten für ideale Lösungen, also für Lösungen, bei denen Intra- und Inter-Komponentenwechselwirkungen ähnlich sind – χ ist dann gleich null; Mischungslücken existieren hier nicht.

7.6 Bei welcher Temperatur siedet eine Lösung?

Die oberen Kurven in Abb. 7.3 zeigen die Dampfdruckkurve, Schmelzdruckkurve und den Tripelpunkt des reinen Lösemittels. Darunter ist die entsprechenden Dampfdruckkurve für die Lösung eingezeichnet. Nach dem 1. RAOULT'schen Gesetz liegt der Dampfdruck einer Lösung immer niedriger als der Dampfdruck des Lösemittels.

$$\frac{p_A}{x_A} = p_A^* \tag{7.24}$$

Umformuliert und unter Berücksichtigung des VAN'T HOFF'**schen Faktors** erhalten wir für die **Dampfdruckerniedrigung**

$$\Delta p_A = -x_B \cdot p_{A^*} \cdot i \tag{7.25}$$

Ein Lösemittel siedet, wenn sein Dampfdruck gleich dem Außendruck ist. Eine Lösung hat bei derselben Temperatur jedoch einen geringeren Dampfdruck – wie eben diskutiert. Um auch die Lösung zum Sieden zu bringen, müssen wir die Temperatur erhöhen: Eine Lösung beginnt deshalb im Vergleich zum Lösemittel bei einer höheren Temperatur zu sieden; quantifiziert durch die **Siedepunktserhöhung**.

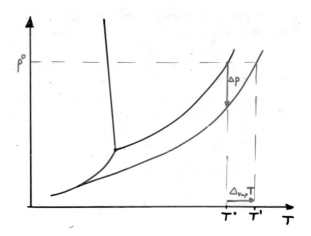

Abb. 7.3 Dampfdruckkurve von Lösemittel und Lösung zur Verdeutlichung der Dampfdruckerniedrigung und Siedepunktserhöhung

$$\Delta_{vap}T = k_{eb} \cdot b_B \cdot i \qquad (7.26)$$

k_{eb} ist die ebullioskopische Konstante, ein Charakteristikum für jedes Lösemittel. Für Wasser beträgt diese Konstante

$$k_{eb(H_2O)} = 0,512 \frac{K\,kg}{mol} \qquad (7.27)$$

Das bedeutet, unsere 1-molale Zuckerlösung und unsere 1-osmolale Salzlösung haben beide den identischen Siedepunkt von 100,5 °C.

7.7 Bei welcher Temperatur gefriert eine Lösung?

Ein Lösemittel gefriert, wenn Flüssigkeit und Feststoff den gleichen Dampfdruck haben, also bei der Temperatur, an der sich die Dampfdruckkurve und die Sublimationsdruckkurve schneiden (Tripelpunkt, Abb. 7.4). Bei einer Lösung ist dieser Schnittpunkt zu tieferen Temperaturen verschoben – es existiert eine **Gefrierpunktserniedrigung** einer Lösung im Vergleich zum Lösemittel, quantifiziert durch das sog. **2. RAOULT'sche Gesetz**.

$$\Delta_{fus}T = -k_{kr} \cdot b_B \cdot i \qquad (7.28)$$

Die Konstante k_{kr} ist die kryoskopische Konstante, ein weiteres Charakteristikum für jedes Lösemittel. Für Wasser beträgt die kryoskopische Konstante

$$k_{kr(H_2O)} = 1,86 \frac{K\,kg}{mol} \qquad (7.29)$$

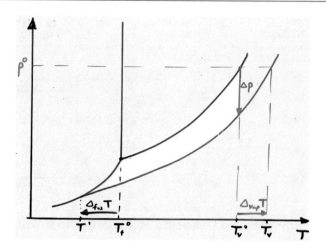

Abb. 7.4 Dampfdruckkurve von Lösemittel und Lösung zur Verdeutlichung der Dampfdruck-erniedrigung und Gefrierpunktserniedrigung

Sowohl unsere Zuckerlösung als auch unsere Salzlösung, gefrieren beide bei − 1,86 °C.

Man bezeichnet Lösungen mit gleicher Osmolariät, also identischer Anzahl an gelösten Teilchen, als „isotonisch". Isotonische Lösungen stimmen in allen kolligativen Eigenschaften überein.

Drei der vier kolligativen Eigenschaften haben wir schon kennen gelernt: Dampfdruckerniedrigung, Siedepunktserhöhung, Gefrierpunktserniedrigung. Besonders wichtig ist die vierte kolligative Eigenschaft, der osmotische Druck.

7.8   Warum wandert das Lösemittel in die konzentriertere Lösung?

Eine Lösung besitzt immer einen niedrigeren Dampfdruck als das Lösemittel, das bedeutet, die Lösung ist stabiler als das Lösemittel.

Wenn wir eine Lösung und ein Lösemittel durch eine semipermeable (nur für das Lösemittel durchlässige) Membran trennen, dann werden Lösungsmittel-moleküle freiwillig in die konzentriertere Lösung wandern. Dadurch baut sich ein Überdruck in der Lösung auf (Abb. 7.5).

Dieser Transportprozess dauert so lange an, bis der Druck in der Lösung so hoch geworden ist, dass die Stabilität beider Phasen wieder identisch ist. Wir sprechen hier vom **osmotischen Druck,** der sich in der konzentrierteren Lösung aufbaut; wir können ihn nach VAN'T HOFF aus der Osmolarität, der Gaskonstanten und der Temperatur berechnen.

$$\Pi = c_B \cdot R \cdot T \cdot i \qquad (7.30)$$

Abb. 7.5 Entstehung
des osmotischen Druckes
an der semipermeablen
Phasengrenze zwischen
Lösemittel und Lösung

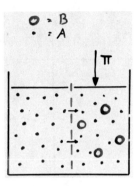

7.9   Wo begegnet uns der osmotische Druck in Natur und Technik?

Eine kommerziell erhältliche [physiologische] Kochsalzlösung besitzt z. B. die Osmolarität 0,3 mol/kg; ihr osmotischer Druck beträgt 0,76 MPa [7,6 bar] – genau wie der osmotische Druck des menschlichen Blutes. Da viele Zellmembranen semipermeabel sind, spielt der osmotische Druck in der Biologie eine große Rolle. Körperflüssigkeiten sollten isotonisch sein, sonst könnten Zellen Schaden nehmen (Abb. 7.6).

Im hypertonischen Medien können die Zellen z. B. sehr schnell Wasser verlieren und dadurch absterben. Das bedeutet auch, dass in konzentrierten Lösungen sich keine Mikroorganismen halten können – dies ist die Grundlage der Konservierung durch Pökeln oder Kandieren und daher hat auch das Tote Meer seinen Namen.

Man kann die Osmose auch umkehren: Durch Anwendung eines entsprechend hohen Druckes kann man eine Lösung zum Lösemittel ultrafiltrieren; in dieser Weise kann man beispielsweise Meerwasser entsalzen (Abb. 7.7).

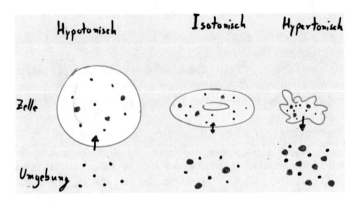

Abb. 7.6 Blutzellen im isotonischen, hypertonischen und hypotonischen Medium

Abb. 7.7 Prinzip der
Umkehr-Osmose, z. B. zur
Entsalzung von Meerwasser
(links: Süßwasser; rechts:
Meerwasser)

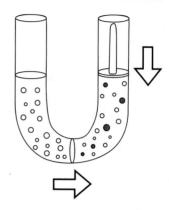

Osmotischer Druck, Gefrierpunktserniedrigung und Siedepunktserhöhung sind kolligative Eigenschaften, deren Größe nur von der Anzahl der gelösten Teilchen, nicht aber von deren Art abhängt. Deshalb sind diese Eigenschaften gut geeignet, Molmassen von gelösten Stoffen zu ermitteln. Osmometrisch kann man z. B. die Molmassen von Proteinen oder Polymeren ermitteln.

7.10   Zusammenfassung

Die Thermodynamik bei der Herstellung von Lösungen kann man nach FLORY-HUGGINS beschreiben; speziell bei idealen Lösungen existiert keine Mischungswärme und kein Mischungsvolumen. Der FLORY-HUGGINS-Parameter ist Null $\chi = 0$.

$$\Delta_{mix}H = R\,T\,\chi\,x_A\,x_B \tag{7.31}$$

$$\Delta_{mix}S = -R(x_A\,ln(x_A) + x_B\,ln(x_B)) \tag{7.32}$$

Eine Lösung besitzt immer einen niedrigeren Dampfdruck als ein reines Lösemittel. Nach dem 1. RAOULT'schen Gesetz kann man die Dampfdruckerniedrigung berechnen.

$$\Delta p_A = -x_B \cdot p_{A^*} \cdot i \qquad (7.33)$$

Eine Lösung hat einen höheren Siedepunkt und einen niedrigeren Gefrierpunkt als das reine Lösemittel.

$$\Delta_{fus}T = -k_{kr} \cdot b_B \cdot i \qquad (7.34)$$

$$\Delta_{vap}T = k_{eb} \cdot b_B \cdot i \qquad (7.35)$$

Die genannten drei Eigenschaften sind kolligativ, das bedeutet: Nur die Anzahl der gelösten Teilchen entscheidet, nicht die Art der gelösten Teilchen. Der osmotische Druck ist eine weitere kolligative Eigenschaft; man kann ihn nach VAN'T HOFF berechnen und er spielt speziell in der Biologie eine große Rolle.

$$\Pi = c_B \cdot R \cdot T \cdot i \qquad (7.36)$$

7.11 Testfragen

1. Welche Lösung hat den niedrigsten Siedepunkt?
   Welche Lösung hat den niedrigsten Gefrierpunkt?
   a) 0,050 mol/kg $CaCl_2$-Lösung ($i = 3$)
   b) 0,15 mol/kg NaCl-Lösung ($i = 2$)
   c) 0,10 mol/kg HCl-Lösung (Salzsäure, $i = 2$)
   d) 0,050 mol/kg CH_3COOH (Essigsäure, $i = 1,1$)
   e) 0,20 mol/kg $C_{12}H_{22}O_{11}$ (Saccharose, $i = 1$)
2. Markieren Sie die korrekte(n) Aussage(n).

Eine Lösung besitzt im Vergleich zum Lösemittel …

a) … einen höheren Schmelzpunkt
b) … einen höheren Siedepunkt
c) … einen höheren Dampfdruck

3. Die Komponenten A und B bilden eine ideale Mischung:

Anfangszustand   *Endzustand*

(Komponente A + Komponente B) → (Mischung der Komponenten)

Markieren Sie die korrekte(n) Aussage(n).

Bei der Herstellung einer idealen Mischung aus den Komponenten …

a) nimmt die Enthalpie des Systems zu,
b) nimmt die Entropie des Systems zu,
c) nimmt die Freie Enthalpie des Systems zu,
d) nimmt das Volumen des Systems zu.

7.12 Übungsaufgaben

1. Die wässrige Lösung eines Proteins (3,50 mg Protein in 5,00 mL Lösung) zeigt bei 25,0 °C einen osmotischen Druck von 205 Pa. Ermitteln Sie die Molmasse des Proteins ($i = 1$).

2. Der durchschnittliche osmotische Druck des Blutes beträgt 780 kPa bei 37,0 °C. Welche Molarität besitzt eine Glucose-Lösung ($C_6H_{12}O_6$), die mit Blut isotonisch ist?

3. 60,90 g Harnstoff (NH_2–CO–NH_2, $M = 60{,}06$ g/mol) werden in 0,500 kg Wasser gelöst. Die Dichte der Lösung beträgt 1,000 kg/L. *Harnstoff dissoziiert in Wasser nicht und bildet mit Wasser eine ideale Lösung. Reines Wasser*

gefriert bei 0,00 °C und besitzt bei 100 °C einen Dampfdruck von 101,325 kPa.
Die kryoskopische Konstante von Wasser beträgt 1,86 K kg/mol.

a) Ermitteln Sie den Gefrierpunkt der Lösung.

b) Ermitteln Sie den osmotischen Druck der Lösung bei 11,2 °C.

c) Welchen Dampfdruck besitzt die Lösung bei 100 °C?

4. 11,23 g Kochsalz (NaCl, $M = 58,44$ g/mol, $i = 2$) werden in 1,00 kg Wasser gelöst. Das Volumen der Lösung beträgt 1,00 L.

a) Wie groß ist die Molariät der Lösung?

b) Wie groß ist die Osmolarität der Lösung?

c) Wie groß ist der osmotische Druck der Lösung bei 34,3 °C ?

Phasendiagramme

8

8.1 Motivation

Das Verhalten von Reinstoffen oder Gemischen wird sehr häufig grafisch mit Phasendiagrammen beschrieben (Abb. 8.1). Wie können wir diese Diagramme ins Real Life übersetzen?

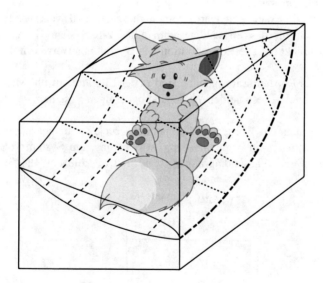

Abb. 8.1 Wie lesen wir Phasendiagramme von Mehrkomponentensystemen? (https://doi.org/10.5446/40355)

8.2   Wie beschreiben wir ein Zweikomponentensystem?

In diesem Kapitel geht es um die Interpretation von Phasendiagrammen, insbesondere um die Bedeutung der darin vorkommenden Binodalen, Konoden und
invarianten Punkte.

Isopropylalkohol (IPA) und Isobutylalkohol (IBA) sind chemisch sehr ähnlich,
daher bilden beide Komponenten ideale Mischungen. Dieses Zweikomponenten-
system soll uns als Beispiel durch das Kapitel leiten.

Wir mischen 1 mol IPA und 1 mol IBA und erhitzen diese Mischung auf
92 °C. Der Gesamtdruck beträgt dann 100 kPa. Wenn wir uns die Gasphase genau
ansehen, stellen wir fest, dass sie zu 70 % aus IPA besteht, während die Flüssigphase nur zu 50 % aus IPA besteht (Abb. 8.2). Das ist EIN möglicher Zustand des
Zweikomponentensystems IBA/IPA, charakterisiert durch die Temperatur, den
Druck und die Zusammensetzung.

8.3   Wie sieht das Phasendiagramm eines
           Zweikomponentensystems (2KS) aus?

Wenn wir sämtliche Zustände dieses 2-K-Systems aufzeichnen wollen, benötigen
wir ein Koordinatensystem mit den Achsen Temperatur, Druck und Zusammensetzung und erhalten dann eine Darstellung in dieser Art und Weise (Abb. 8.3).

Ganz typisch für das Phasendiagramm eines 2-K-Systems ist es, dass die
x-Achse beschränkt ist: Die Konzentration von B kann nur Werte von 0 bis 100 %
annehmen.

Hinweis: Als Konzentrationsangabe sind in der Literatur sowohl Massen-% als
auch Mol-% üblich. Diese beiden Werte sind bei einigen Systemen deutlich unterschiedlich.

Wir können uns ein Wertetripel Temperatur/Druck/Zusammensetzung wählen
und das Phasendiagramm sagt uns dann, was in unserem System vorliegt. Bei
der Diskussion eines Phasendiagramms ist es sinnvoll, zunächst die Bereiche zu

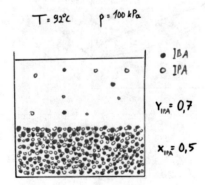

Abb. 8.2   Phasengleichgewicht flüssig/gasförmig bei einer IPA-IBA-Mischung

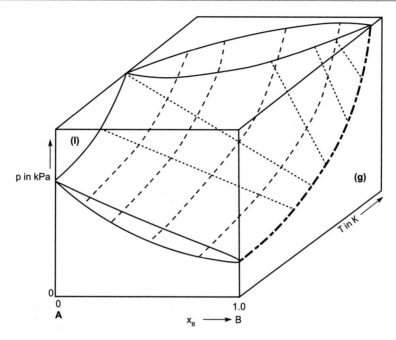

Abb. 8.3 pTx-Phasendiagramm einer Mischung. (Fläche vorne: Dampfdruckdiagramm; Fläche oben: Siedediagramm)

markieren, die einphasig (homogen) sind, z. B. den Flüssigphasenbereich und den Gasphasenbereich. Die restlichen Bereiche sind dann mehrphasig.

Im Innern des „Schlauchs" in Abb. 8.3 befindet sich beispielsweise der flüssig/gasförmig Bereich (l/g). Die Trennungslinien oder -flächen zwischen homogen und heterogen nennen wir **Binodalen.**

In Abb. 8.3 existieren zwei Binodalflächen: Der Zweiphasenbereich wird nach oben vom Flüssigphasenbereich durch die Siedefläche abgetrennt und nach unten vom Gasförmigbereich von der Taufläche abgetrennt.

8.4   Wo finden wir im 3D-Phasendiagramm ein 2D-Siedediagramm?

Der Übersichtlichkeit halber wählt man sehr häufig Schnittflächen (Projektionen) des Phasendiagramms in Abb. 8.3 – entweder bei konstanter Temperatur oder bei konstantem Druck. Es handelt sich dann um die Schnittflächen oben oder vorne vom 3D-Diagramm in Abb. 8.3.

Die Binodalflächen werden dann auf diesen Schnittflächen zu Linien: Siedelinie und Taulinie sind bei idealen Mischungen homogen fallende oder steigende Kurven (Abb. 8.4).

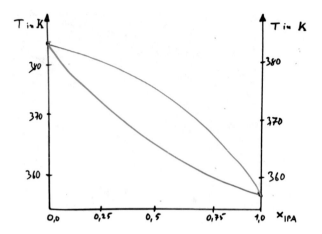

Abb. 8.4 Siedediagramm des Systems IBA(2-Methylpropanol-1)/IPA(Propanol-2)

Im Folgenden wollen wir ausschließlich das Siedediagramm des Systems IBA/IPA diskutieren, also die Topfläche dieses 3D-Diagramms. Wir wählen als konstanten Druck den Standarddruck $p°$ und haben dann ein Phasendiagramm, in dem nur noch die Zusammensetzung als x-Achse und die Temperatur als y-Achse fungiert.

Auf der x-Achse finden Sie links den reinen Schwersieder (also IBA) und rechts den reinen Leichtsieder (IPA). Die beiden Binodalen Siedelinie und Taulinie treffen sich in zwei Punkten – das sind die sog. **invarianten Punkte.** An invarianten Punkten findet die Phasenänderung bei konstanter Temperatur statt.

8.5   Bei welcher Temperatur beginnt eine flüssige Mischung zu sieden?

Wir können uns nun fragen, wann eine 50:50-Mischung IBA/IPA zu sieden beginnt.

Dazu zeichnen wir eine sog. **Isoplethe** – eine Linie, auf der die Zusammensetzung der Mischung konstant ist – in das Diagramm ein und schauen, wo diese Linie die Siedelinie trifft (Abb. 8.5). Der Schnittpunkt befindet sich bei 365 K – das ist offensichtlich der Siedebeginn unserer 50:50-Mischung.

8.6   Bei welcher Temperatur beginnt eine gasförmige Mischung zu kondensieren?

Unser Phasendiagramm verrät uns auch, wann eine gasförmige 50:50-Mischung von IBA und IPA kondensiert.

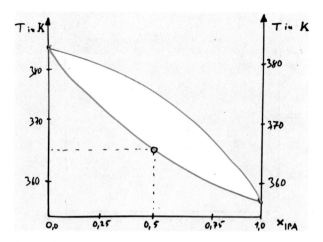

Abb. 8.5 Diskussion des Siedediagramms des Systems IBA/IPA (I): Ermittlung der Siede-temperatur einer flüssigen Mischung

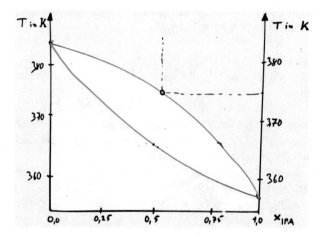

Abb. 8.6 Diskussion des Siedediagramms des Systems IBA/IPA (II): Ermittlung der Kondensationstemperatur einer gasförmigen Mischung

Wir müssen hier die Isoplethe nur von oben zeichnen und den Schnittpunkt mit der Taulinie markieren (Abb. 8.6). Offensichtlich liegt der Schnittpunkt bei bei 371 K: Bei 371 K kondensieren die ersten Flüssigkeitströpfchen aus einer gas-förmigen 50:50-Mischung.

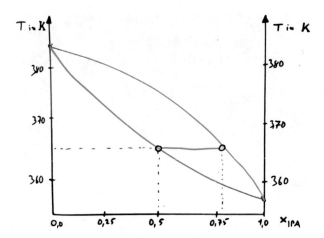

Abb. 8.7 Diskussion des Siedediagramms des Systems IBA/IPA (III): Ermittlung der Zusammensetzung von Gas- und Flüssigphase beim Sieden (Konode)

8.7   Welche Zusammensetzung hat die Gasphase über einer siedenden Mischung?

Zurück zur flüssigen 50:50-Mischung. Diese Mischung siedet bei 365 K. Wie sieht die Gasphase über dieser siedenden Mischung aus? Nun, hier müssen wir jetzt die **Konode** befragen.

Eine Konode ist eine Gerade im heterogenen Bereich des Diagramms, welche die beiden Phasen, die im Gleichgewicht miteinander stehen, verbindet. Konoden sind als Gleichgewichtslinien immer Isothermen und Isobaren und es gibt im Prinzip unendlich viele davon.

Wir zeichnen eine Konode beginnend mit dem Schnittpunkt Isoplethe/Siede-linie durch den Zweiphasenbereich bis hin zur Taulinie (Abb. 8.7). Der Schnitt-punkt mit der Taulinie liegt ungefähr bei $x_{IPA} = 0{,}8$. Das ist die Zusammensetzung der Gasphase. Die Gasphase über einer 50:50-Flüssigmischung ist also am Leicht-sieder angereichert.

8.8   Welche Zusammensetzung hat die Flüssigphase, die aus einer Gasphase kondensiert?

Analog können wir mit dem Phasendiagramm ermitteln, dass die Flüssigkeit, die aus einer 50:50-Gasphasenmischung entsteht, am Schwersieder angereichert ist. Die passend eingezeichnete Konode verrät uns, dass die ersten Flüssigkeitstropfen etwa 20 % IPA enthalten (Abb. 8.8).

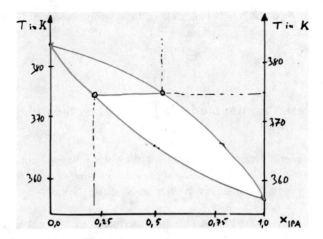

Abb. 8.8 Diskussion des Siedediagramms des Systems IBA/IPA (IV): Ermittlung der Zusammensetzung von Gas- und Flüssigphase beim Kondensieren (Konode)

8.9 Heterogene Bereiche in Phasendiagrammen: Welche Phasen liegen in welchen Mengen vor?

Mit dem Phasendiagramm können wir beliebige Temperaturen und Zusammensetzungen diskutieren.

Wenn wir beispielsweise eine 50:50-Mischung auf 370 K erwärmen, befinden wir uns im Zweiphasengebiet (Abb. 8.9), das bedeutet: Die Mischung, die wir gewählt haben, ist homogen nicht stabil, sondern „zerfällt" entlang der Konode in eine Flüssigphase und in eine Gasphase.

Die Schnittpunkte der Konode mit den Binodalen verraten uns auch, welche Zusammensetzungen diese Phasen haben. Die Flüssigphase ist 40 %ig und die Gasphase ist 55%ig an IPA. Wenn wir die Stoffmengen von Flüssig- und Gasphase ermitteln wollen, benötigen wir das sog. **Hebelgesetz**.

Der Hebelarm a, multipliziert mit der Menge der Flüssigphase ist gleich dem Hebelarm b, multipliziert mit der Menge der Gasphase. In unserem Beispiel ist a

Abb. 8.9 Diskussion des Siedediagramms des Systems IBA/IPA (V): Ermittlung des Mengenverhältnisses von Gas- und Flüssigphase (Hebelgesetz)

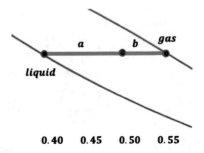

etwa doppelt so groß wie *b*, das bedeutet: Es liegen doppelt so viel Gasphase wie Flüssigphase vor.

$$a \cdot n_{liquid} = b \cdot n_{gas} \qquad (8.1)$$

8.10 Wie lesen wir das Siedediagramm einer nichtidealen Mischung?

Das eben diskutierte Beispiel Isobutylalkohol/Isopropylalkohol entspricht einer idealen Mischung. Bei realen Mischungen kann es zu Maxima oder Minima im Phasendiagramm kommen, wie hier z. B. beim System Ethanol/Wasser (Abb. 8.10).

Siedelinie und Taulinie treffen sich nun dreimal – nicht nur bei den reinen Komponenten, sondern auch in einem Minimum. Dieses Minimum heißt **Azeotrop.** Es existieren in diesem Diagramm also drei invariante Punkte: der Siedepunkt von reinem Wasser bei konstant 100 °C, der Siedepunkt von reinem Ethanol bei konstant 78,3 °C und der Siedepunkt vom Azeotrop bei konstant 78,2 °C. Ein Azeotrop siedet und kondensiert wie ein reiner Stoff und kann durch Destillation nicht in seine Komponenten getrennt werden.

$$\overset{100°C}{H_2O(l) \quad \rightleftharpoons \quad H_2O(l)} \qquad (8.2)$$

$$\overset{78,3°C}{C_2H_5OH(l) \quad \rightleftharpoons \quad C_2H_5OH(l)} \qquad (8.3)$$

$$\overset{78,2°C}{azeotrope(95,6\%, l) \quad \rightleftharpoons \quad azeotrope(95,6\%, g)} \qquad (8.4)$$

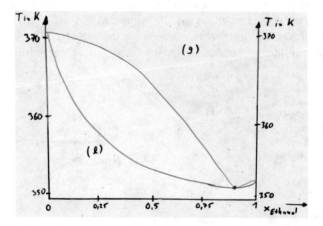

Abb. 8.10 Minimum-Azeotrop beim System Wasser/Ethanol

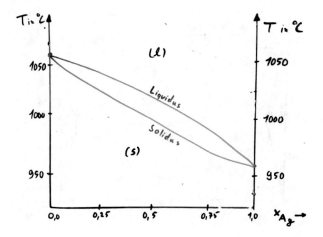

Abb. 8.11 Schmelzdiagramm eines idealen Systems (Silber/Gold)

8.11 Wie lesen wir das Schmelzdiagramm eines Mischkristallsystems?

Abb. 8.11 ist ebenfalls ein Phasendiagramm eines idealen 2-K-Systems; es handelt sich aber nicht um ein Siedediagramm, sondern um ein Schmelzdiagramm.

Die Binodalen heißen hier Soliduslinie und Liquiduslinie und sie verraten uns, wann eine feste Phase schmilzt oder eine flüssige Phase erstarrt.

Wie bei jedem idealen Phasendiagramm existieren nur zwei invariante Punkte, nämlich die Phasenumwandlungen der reinen Stoffe, in dem Fall der Schmelzpunkt von Silber und der Schmelzpunkt von Gold.

$$Ag(s) \quad \overset{962°C}{\rightleftharpoons} \quad Ag(l) \tag{8.5}$$

$$Au(s) \quad \overset{1064°C}{\rightleftharpoons} \quad Au(l) \tag{8.6}$$

8.12 Wie sieht das Schmelzdiagramm aus, wenn die feste Phase eine Mischungslücke besitzt?

Abb. 8.12 zeigt das Phasendiagramm, genauer: das Schmelzdiagramm, einer nicht idealen Mischung, des Systems Silber/Kupfer. Es existieren drei invariante Punkte neben den Schmelzpunkten von Silber und Kupfer

$$Ag(s) \quad \overset{962°C}{\rightleftharpoons} \quad Ag(l) \tag{8.7}$$

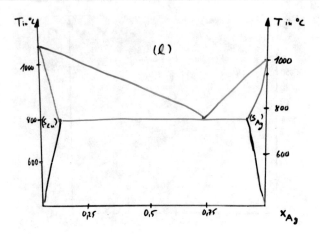

Abb. 8.12   Schmelzdiagramm mit Eutektikum (Silber/Kupfer)

$$Cu(s) \quad \overset{1085°C}{\rightleftharpoons} \quad Cu(l) \tag{8.8}$$

erkennen wir ein charakteristisches V-förmiges Minimum in der Liquiduslinie. Es wird als **Eutektikum** bezeichnet und ist die niedrigst schmelzende Mischung dieses Systems. Ein Eutektikum schmilzt und erstarrt wie ein reiner Stoff bei einer konstanten Temperatur.

Am Eutektikum sind drei Phasen beteiligt, zwei feste und die Schmelze. Das Schmelzen eines Eutektikums kann folgendermaßen formuliert werden.

$$(s)^I + (s)^{II} \quad \overset{T_{eutectic}}{\rightleftharpoons} \quad (l) \tag{8.9}$$

Aus zwei festen Phasen I und II entsteht eine homogene flüssige Phase; die Temperatur ist während der Phasenumwandlung konstant.

$$Ag(s) + Cu(s) \quad \overset{780°C}{\rightleftharpoons} \quad eutectic(72\ \%,l) \tag{8.10}$$

8.13   Was ist inkongruentes Schmelzen?

Abb. 8.13 zeigt das Phasendiagramm des Systems Wasser/Kochsalz. Es ist etwas komplizierter als die bisher gezeigten Diagramme, denn es existiert neben Eis und festem Kochsalz eine weitere homogene feste Phase, das Halit. Halit, chemische Formel $NaCl \cdot 2H_2O$, ist nur bis ca. 0 °C stabil und zerfällt dann in festes NaCl und Sole.

Wir wählen bei der Diskussion dieses Phasendiagramms konsequent unsere Standard-Vorgehensweise:

Zunächst markieren wir die *homogenen Bereiche* im Diagramm:

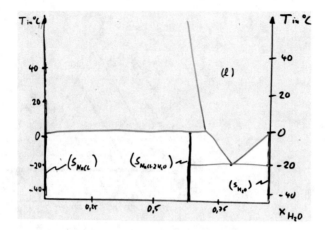

Abb. 8.13 Schmelzdiagramm mit Peritektikum und Eutektikum (Wasser/NaCl)

Es sind dies die Flüssigphase (die Sole), dann festes H_2O (Eis), festes Halit und festes NaCl. Alle anderen Bereiche sind heterogen.

Dann benennen wir die *Binodalen* und wichtige *Konoden*:

Die Konode, die den Zerfall von Halit beschreibt, und die Konode, die durch das Eutektikum geht, die sog. Eutektikale.

Schließlich suchen wir die *invarianten Punkte* und formulieren die dort stattfindenden Phasenumwandlungen:

Der Zerfall von Halit bei 0 °C entspricht in gewisser Weise der Umkehrung eines Eutektikums; man spricht hier von einem **Peritektikum** oder von **inkongruentem Schmelzen.**

Auch an einem Peritektikum sind drei Phasen beteiligt, eine feste Phase I zerfällt in eine flüssige Phase und eine andere feste Phase II.

$$(s)^I \quad \overset{T_{peritectic}}{\rightleftarrows} \quad (l) + (s)^{II} \tag{8.11}$$

Die Temperatur ist während der Phasenumwandlung konstant.

$$NaCl \cdot 2H_2O(\text{halite, s}) \quad \overset{0°C}{\rightleftarrows} \quad brine(70\,\%, l) + NaCl(s) \tag{8.12}$$

8.14   Wie stellen wir Dreikomponentensysteme grafisch dar?

Wenn wir Mischungen aus drei Komponenten herstellen, können wir beliebige Mischungen in einem gleichseitigen Dreieck grafisch darstellen. Diese Vorgehensweise geht auf GIBBS zurück – das sog. GIBBS'sche **Phasendreieck** (Abb. 8.14).

Die Ecken des Dreiecks repräsentieren die reinen Komponenten, die Kanten des Dreiecks Zweikomponentenmischungen und das Innere des Dreiecks symbolisiert Dreikomponentenmischungen.

Abb. 8.14 Gibbs'sches
Phasendreieck

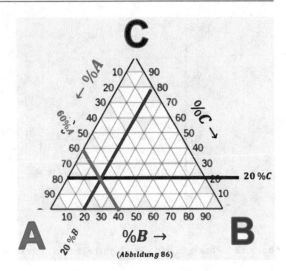

Bei der Diskussion des Dreiecksdiagramms muss man darauf achten, dass die Zusammensetzungsachsen hier nicht senkrecht aufeinander stehen, sondern 60°-Winkel einnehmen.

Die Zusammensetzung des Kreuzungspunktes der drei Linien in Abb. 8.14 ist z. B. 20 % Komponente C, 20 % Komponente B und der Rest, also 60 % Komponente A.

8.15 Wie verlaufen Binodalen und Konoden im Gibbs'schen Phasendreieck?

Auch im Dreiecksdiagramm können homogene und heterogene Bereiche vorkommen und damit auch Binodalen.

Abb. 8.15 zeigt das Dreiecksdiagramm der drei Lösemittel Chloroform, Wasser und Essigsäure. Unterhalb der Binodalen ist das System heterogen, oberhalb homogen.

Wenn wir mit einer 50:50-Mischung Chloroform/Wasser starten, liegen wir im heterogenen Bereich beim Punkt (1). Wenn wir dann nach und nach mehr und mehr Essigsäure hinzugeben, kommen wir zu den Punkten (2), (3) und (4). Durch die Punkte (2) und (3) sind Konoden gezeichnet, die uns sagen, welche Phasen tatsächlich vorliegen. In Punkt (2) z. B. liegen eine organische Phase der Zusammensetzung α_2 (blaues Hilfsdreieck) und eine weitestgehend wässrige Phase der Zusammensetzung β_2 (mittelgroßes grünes Hilfsdreieck) vor.

Wir können die genaue Zusammensetzung der Phasen α_2 und β_2 angeben – hier hat sich eine Hilfsdreieckskonstruktion bewährt – und wir können auch das Mengenverhältnis von den Phasen α_2 und β_2 angeben durch Anwendung des Hebelgesetzes. Hebelarm a ist größer als Hebelarm b; das bedeutet, die Phase β_2 liegt im Überschuss vor.

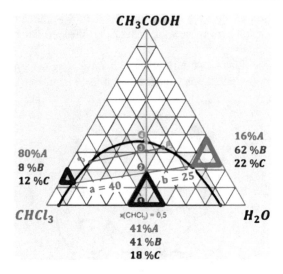

Abb. 8.15 Dreiecksdiagramm des Systems Chloroform/Wasser/Essigsäure mit Mischungslücke

8.16   Zusammenfassung

Phasendiagramme diskutieren wir am besten so, dass wir zunächst die homo-genen und heterogenen Bereiche suchen, danach die Binodalen kennzeichnen und benennen und einige Konoden einzeichnen. Danach können wir noch die invarianten Punkte benennen und die Prozesse, die an diesen Punkten ablaufen, spezifizieren.

Ideale Phasendiagramme, egal ob Schmelz- oder Siedediagramme, zeigen weder Maximum noch Minimum in den Binodalen.

Bei realen Mischungen kann es zu Maxima und Minima kommen, die je nach Diagrammtyp Azeotrop, Peritektikum oder Eutektikum genannt werden.

Für die Veranschaulichung von 3-Komponenten-Mischungen hat sich das GIBBS'sche Dreiecksdiagramm bewährt. Auch in diesem Diagramm kann es Binodalen und Konoden geben.

Eine Konode verrät uns nicht nur die Zusammensetzung der Phasen im heterogenen Gebiet, sondern auch deren Mengenverhältnis; wir müssen dazu das Hebelgesetz anwenden.

8.17   Testfragen

1. Markieren Sie die korrekte(n) Aussage(n)
   Beim Sieden einer idealen Zweikomponenten-Mischung …
   a. bleibt die Siedetemperatur konstant,
   b. bleibt die Zusammensetzung der Gasphase konstant,
   c. ist die Gasphase immer mit Leichtsieder angereichert,
   d. bleibt die Zusammensetzung der Flüssigphase konstant.
2. Beim Erstarren einer eutektischen Schmelze ….
   a. bleibt die Temperatur konstant,
   b. bleibt die Zusammensetzung der Schmelze konstant,
   c. entstehen zwei feste Phasen,
   d. zeigt die Abkühlkurve einen Haltepunkt,
   e. entsteht als feste Phase ein homogener Mischkristall.
3. Welche invariante Punkte erkennen Sie in dem Phasendiagramm des Zweikomponentensystems Wasser/Kochsalz (Abb. 8.16)?

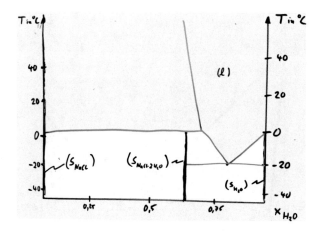

Abb. 8.16 Phasendiagramm des Systems $H_2O/NaCl$

8.18 Übungsaufgaben

1. Gegeben ist das Phasendiagramm des Systems LiCl/KCl (Abb. 8.17).
   a) Eine feste Mischung mit 40 Mol-% LiCl-Gehalt wird – beginnend bei 20 °C – erwärmt und beginnt zu schmelzen. Welche Temperatur liegt vor und wie ist die Zusammensetzung der Schmelze?
   b) Eine flüssige Mischung mit 40 % LiCl-Gehalt wird – beginnend bei 800 °C – abgekühlt und beginnt zu erstarren. Welche Temperatur liegt vor und wie ist die Zusammensetzung der festen Phase?

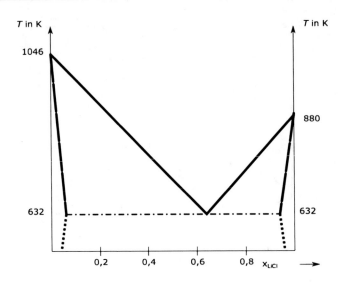

Abb. 8.17 Phasendiagramm des Systems KCl/LiCl

2. Abb. 8.18 zeigt das GIBBS'sche Dreiecksdiagramm des Systems Toluol/Wasser/
   Essigsäure (alle Angaben in Massen-%).
   7 kg Wasser, 2 kg Essigsäure und 11 kg Toluol werden gemischt.
   Ermitteln Sie Masse und Zusammensetzung der „wässrigen" und „organischen"
   Phase.

Abb. 8.18 Phasendiagramm
des Systems Toluol(A)/
Wasser(B)/Essigsäure(C) mit
Binodale und vier Konoden

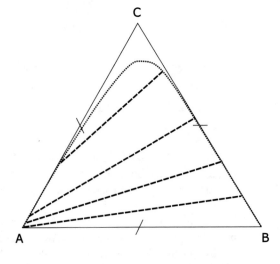

Reaktionskinetik

9

9.1 Motivation

Wenn ein Prozess einen ausreichenden Antrieb besitzt (also exergonisch ist), muss das nicht bedeuten, dass der Prozess auch tatsächlich abläuft. Die Affinität sagt nichts darüber aus, wie schnell oder langsam ein Prozess stattfindet. Wie können wir die Geschwindigkeit eines Prozesses beeinflussen (Abb. 9.1)?

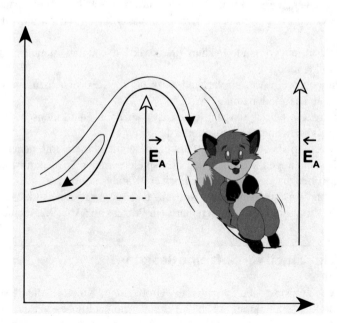

Abb. 9.1 Wie beschreiben wir die Kinetik einer einfachen Reaktion? (https://doi.org/10.5446/40356)

© Der/die Autor(en), exklusiv lizenziert durch Springer-Verlag GmbH, DE, ein Teil von Springer Nature 2022
J. „SciFox" Lauth, *Physikalische Chemie kompakt,*
https://doi.org/10.1007/978-3-662-64588-8_9

Abb. 9.2 Übersicht über
thermodynamische und
kinetische Aspekte der
Knallgasreaktion

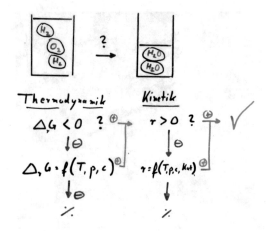

9.2   Hat ein Prozess einen Antrieb?

Die Thermodynamik befasst sich damit, ob ein Prozess – wie hier zum Beispiel
die Knallgasreaktion – überhaupt ablaufen kann, ob der Prozess also einen Antrieb
ΔG hat. Falls der Prozess zu wenig exergonisch ist, können wir überlegen, welche
Parameter wir verändern können, um den Antrieb zu erhöhen. Diese Parameter –
insbesondere den Temperatur- und Druckeinfluss – haben wir im letzten Kapitel
diskutiert.

Ist kein Antrieb vorhanden, kann die Reaktion spontan niemals stattfinden
(Abb. 9.2, linke Seite).

Wenn hingegen ein Antrieb vorhanden ist, hat die Reaktion sozusagen „grünes
Licht" von der Thermodynamik.

Ob der Prozess tatsächlich stattfindet, ist aber dann eine kinetische Frage: Ist
die Reaktionsgeschwindigkeit ausreichend?

Wir werden in diesem Kapitel Parameter kennenlernen, mit denen wir die
Reaktion beschleunigen können (auch hier spielen wieder Temperatur und Druck
eine große Rolle; zusätzlich kann hier noch ein Katalysator helfen).

Erst wenn ein ausreichender Antrieb und eine ausreichende Reaktionsgeschwindigkeit zusammenkommen, läuft ein Prozess ab (Abb. 9.2, rechte Seite).

9.3   Wie schnell verläuft eine Reaktion?

Wir wollen zunächst die wichtigste Größe der Kinetik, die **Reaktions-
geschwindigkeit,** definieren. Abb. 9.3 zeigt die zeitliche Veränderung der
Konzentration aller Reaktanten beim Zerfall von N_2O_5. Die Steigung dieser
Kurven entspricht der Bildungs- oder Zerfallsgeschwindigkeit r_i des jeweiligen
Reaktanten.

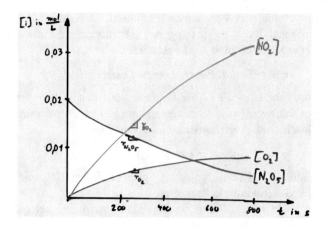

Abb. 9.3   Konzentrations-Zeit-Verlauf des Zerfalls von Distickstoffpentoxid

$$r_i = \frac{d[i]}{dt} \tag{9.1}$$

Nach 300 s ist z. B. die Zerfallsgeschwindigkeit vom Edukt N_2O_5 −18 μmol/(L s) und die Bildungsgeschwindigkeit von Sauerstoff +9 μmol/(L s). Wenn wir Bildungs- oder Zerfallsgeschwindigkeiten durch die jeweiligen stöchiometrischen Umsatzzahlen dividieren, erhalten wir die klassische Reaktionsgeschwindigkeit r, die für alle Reaktanten und Produkte gleich ist

$$r = \frac{r_i}{\nu_i} \tag{9.2}$$

– in unserem Fall

$$r = \frac{r_{NO_2}}{4} = \frac{r_{O_2}}{1} = \frac{r_{N_2O_5}}{-2} = 9\,\frac{\mu\text{mol}}{\text{L s}} \tag{9.3}$$

Die Einheit der Reaktionsgeschwindigkeit ist immer Konzentration pro Zeit, also z. B. mol/(L s) oder Pa/min.

Wir sehen, dass in diesem Beispiel die Reaktionsgeschwindigkeit nicht konstant ist; sie ist zu Beginn der Reaktion am höchsten und nimmt dann asymptotisch auf den Wert Null ab.

9.4   Welche Faktoren beeinflussen die Reaktionsgeschwindigkeit?

Die Reaktionsgeschwindigkeit einer Reaktion

$$A \rightarrow P \tag{9.4}$$

wird durch eine Reihe von Parametern beeinflusst. Das sind insbesondere die Temperatur, ein Katalysator, bei heterogenen Reaktionen die Phasengrenze, das Lösemittel und die Konzentration der Reaktanten.

$$r = f(T, Kat, Phasengrenze, Lösemittel, [A]) \qquad (9.5)$$

Wichtig ist insbesondere die Abhängigkeit von den Konzentrationen der Reaktanten. Deshalb werden üblicherweise alle anderen Einflussgrößen zu einer sogenannten **Geschwindigkeitskonstanten** k zusammen.

$$r = k\, f([A]) \qquad (9.6)$$

Die Abhängigkeit der Reaktionsgeschwindigkeit von den Konzentrationen der Reaktanten heißt **Geschwindigkeitsgesetz.**

Häufig, aber nicht immer, kann das Reaktionsgeschwindigkeitsgesetz in der folgenden Form geschrieben werden:

$$r = k\,[A]^a \qquad (9.7)$$

Der Exponent der Konzentration wird als **Ordnung** bezeichnet. Die Ordnung einer Reaktion beschreibt, wie empfindlich die Reaktionsgeschwindigkeit auf eine Änderung der Konzentration reagiert. Die Ordnung einer Reaktion beeinflusst sehr stark die Konzentrations-Zeit-Kurve (Abb. 9.4).

Im Allgemeinen lässt sich die Ordnung einer Reaktion nicht voraussagen. Experimentell wurde gefunden, dass z. B. der Zerfall von N_2O_5 1. Ordnung ist, während der Zerfall von NO_2 – auf den ersten Blick eine recht ähnliche Reaktion – nach 2. Ordnung verläuft.

Bei einer Reaktion 0. Ordnung hängt die Reaktionsgeschwindigkeit überhaupt nicht von der Konzentration ab. Dies ist z. B. bei der enzymatischen Zersetzung von Ethanol zu Acetaldehyd der Fall. Die Konzentrations-Zeit-Kurve ist in diesem Fall eine Gerade.

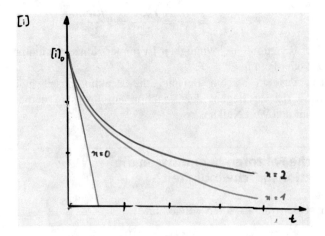

Abb. 9.4 Konzentrations-Zeit-Kurven (integrierte Geschwindigkeitsgesetze) von Reaktionen mit der Ordnung 0, 1 und 2

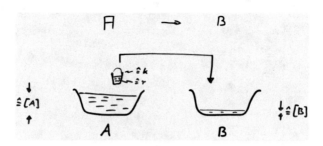

Abb. 9.5   Badewannenmodell einer Reaktion 0. Ordnung

9.5   Wie können wir uns eine Reaktion am mechanischen Modell veranschaulichen?

Die Veranschaulichung der Kinetik einer Reaktion kann mit dem Badewannen-modell erfolgen (Abb. 9.5): Der Füllstand von Badewanne (1) entspricht der Konzentration des Eduktes; der Füllstand von Badewanne (2) der Konzentration des Produktes. Die Reaktion läuft nun so ab, dass mit einem Gefäß Wasser aus Badewanne (1) in Badewanne (2) transportiert wird. Die Größe des Gefäßes ent-spricht der Geschwindigkeitskonstanten k und die Menge Wasser, die pro Zeitein-heit transportiert wird, entspricht der Reaktionsgeschwindigkeit. Speziell bei einer Reaktion 0. Ordnung geschieht der Transport des Wassers mit einem Gefäß immer gleichen Volumens, sodass die Reaktionsgeschwindigkeit konstant ist.

Bei Reaktionen höherer Ordnung sind die Transportgefäße Pipetten, deren Füll-mengen vom Füllstand der Badewanne abhängen.

9.6   Wie sieht die Konzentrations-Zeit-Kurve bei einer Reaktion 0. Ordnung aus?

Reaktionen 0. Ordnung findet man häufig in der Biochemie. Die Geschwindigkeit dieser Reaktionen ist konstant (Abb. 9.6).

Die Abhängigkeit der Konzentration mit die Zeit wird auch als **integriertes Geschwindigkeitsgesetz** bezeichnet. Für eine Reaktion 0. Ordnung lautet dies

$$[A] = [A]_0 - kt \tag{9.8}$$

Die Auftragung von $[A]$ gegen t ergibt eine Gerade, deren negative Steigung der Geschwindigkeitskonstanten entspricht.

Für die Reaktion in Abb. 9.6 können wir z. B. eine Geschwindigkeitskonstante ermitteln von

$$k = -\left(\frac{0{,}20\frac{mol}{L} - 0{,}050\frac{mol}{L}}{0{,}0\ s - 50\ s} \right) = 0{,}0030\frac{mol}{L\ s} \tag{9.9}$$

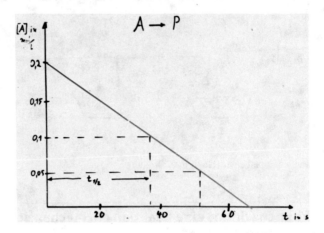

Abb. 9.6 Integriertes Geschwindigkeitsgesetz einer Reaktion 0. Ordnung

Man kann die Ordnung einer Reaktion auch an der Einheit der Geschwindigkeitskonstanten erkennen: Für eine Reaktion 0. Ordnung beträgt die Einheit mol/(L s).

$$[k] = \frac{mol}{L\,s} \tag{9.10}$$

Mithilfe dieser integrierten Geschwindigkeitsgesetze lassen sich Umsätze und Reaktionszeiten für einen Prozess berechnen.

Der Umsatz ist dabei definiert als

$$Umsatz = \frac{[A]_0 - [A]}{[A]_0} \cdot 100\,\% \tag{9.11}$$

Wir können für die Reaktion in Abb. 9.6 z. B. berechnen, wie lange es dauert, bis die Konzentration von anfänglich 0,2 mol/L auf 0,1 mol/L abgesunken ist (50 % Umsatz)

$$[A] = [A]_0 - k\,t \tag{9.12}$$

$$t = \frac{[A]_0 - [A]}{k} = \frac{0,2\frac{mol}{L} - 0,1\frac{mol}{L}}{0,0030\frac{mol}{L\,s}} = 33\,s \tag{9.13}$$

Die Zeit, in der die Konzentration auf die Hälfte absinkt, wird als **Halbwertszeit** bezeichnet.

Bei einer Reaktion 0. Ordnung ist die Halbwertszeit nicht konstant, sondern wird im Laufe der Reaktion immer kürzer. Sie hängt mit der Geschwindigkeitskonstante in dieser Art und Weise zusammen.

$$t_{1/2} = \frac{[A]_0}{2\,k} \tag{9.14}$$

9.7   Wie sieht die Konzentrations-Zeit-Kurve bei einer Reaktion 1. Ordnung aus?

Der radioaktive Zerfall ist ein Beispiel für einen Prozess 1. Ordnung. Die Geschwindigkeit ist hier proportional der Eduktkonzentration. Nimmt die Eduktkonzentration auf die Hälfte ab, sinkt auch die Geschwindigkeit auf die Hälfte (Abb. 9.7).

Hier sehen wir eine Zusammenstellung der wichtigen Formeln – Geschwindigkeitsgesetz, integriertes Geschwindigkeitsgesetz, Halbwertszeit – für eine Reaktion 1. Ordnung.

Die Reaktionsgeschwindigkeit ist bei einer Reaktion 1. Ordnung proportional zur Konzentration.

$$r = k \cdot [A]^1 \tag{9.15}$$

Die Konzentrations-Zeit-Kurve für eine Reaktion 1. Ordnung entspricht mathematisch einer e-Funktion

$$[A] = [A]_0 \cdot e^{-kt} \tag{9.16}$$

Die Halbwertszeit ist bei einer Reaktion 1. Ordnung konstant und direkt mit der Geschwindigkeitskonstante verknüpft.

$$t_{1/2} = \frac{ln(2)}{k} \tag{9.17}$$

Die Einheit der Geschwindigkeitskonstante ist 1/s.

$$[k] = \frac{1}{s} \tag{9.18}$$

Wir können diesen Graph linearisieren, indem wir den Logarithmus der Konzentration gegen die Zeit auftragen.

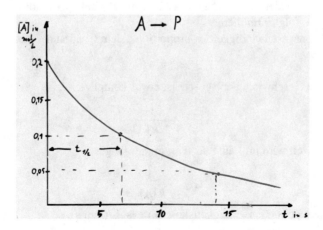

Abb. 9.7 Integriertes Geschwindigkeitsgesetz einer Reaktion 1. Ordnung

Die Reaktion in Abb. 9.7 besitzt eine konstante Halbwertszeit von 7,0 s. Hieraus lässt sich z. B. die Geschwindigkeitskonstante ermitteln.

$$k = \frac{ln(2)}{t_{1/2}} = \frac{\ln(2)}{7,0 \text{ s}} = 0,099 \frac{1}{\text{s}} \tag{9.19}$$

Eine Reaktion 1. Ordnung ist niemals vollständig abgelaufen. Wir können ausrechnen, wie viel Edukt nach Ablauf von zehn Halbwertszeiten noch vorliegt

$$[A] = [A]_0 \cdot e^{-kt} \tag{9.20}$$

$$[A] = [A]_0 \cdot e^{-0,099\frac{1}{\text{s}} \cdot 70 \text{ s}} \tag{9.21}$$

$$[A] = [A]_0 \cdot 0,00098 \tag{9.22}$$

Es liegen nur noch 0,098 % der Anfangskonzentration von A vor.
Der Umsatz nach zehn Halbwertszeiten beträgt

$$Umsatz = \frac{[A]_0 - [A]}{[A]_0} \cdot 100 \% \tag{9.23}$$

$$Umsatz = \frac{[A]_0 - 0,00098\,[A]_0}{[A]_0} \cdot 100 \% = 99,9 \% \tag{9.24}$$

9.8   Wie sieht die Konzentrations-Zeit-Kurve bei einer Reaktion 2. Ordnung aus?

Die oben erwähnte Zerfallsreaktion von NO_2 verläuft nach 2. Ordnung. Wenn sich die Konzentration des Edukts halbiert, reduziert sich die Reaktionsgeschwindigkeit auf ein Viertel (Abb. 9.8).

Die entsprechenden kinetischen Gleichungen für eine Reaktion 2. Ordnung können wir wie folgt formulieren:

Die Reaktionsgeschwindigkeit ist proportional dem Quadrat der Konzentration.

$$r = k \cdot [A]^2 \tag{9.25}$$

Das integrierte Geschwindigkeitsgesetz ist etwas komplizierter:

$$[A] = \frac{[A]_0}{1 + k\,[A]_0\,t} \tag{9.26}$$

Die Halbwertszeit wird im Laufe der Zeit immer länger

$$t_{1/2} = \frac{1}{k\,[A]_0} \tag{9.27}$$

und die Einheit der Geschwindigkeitskonstante ist L/(mol s).

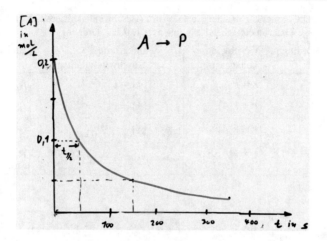

Abb. 9.8 Integriertes Geschwindigkeitsgesetz einer Reaktion 2. Ordnung

$$[k] = \frac{L}{mol\ s} \tag{9.28}$$

Wir können das integrierte Geschwindigkeitsgesetz linearisieren, indem wir den Kehrwert der Konzentration gegen die Zeit auftragen.

Die Steigung der entstehenden Gerade entspricht der Geschwindigkeitskonstanten k. Die Reaktion in Abb. 9.8 besitzt eine anfängliche Halbwertszeit von 50 s. Hieraus lässt sich z. B. die Geschwindigkeitskonstante ermitteln.

$$k = \frac{1}{t_{1/2}\,[A]_0} = \frac{1}{50\ s \cdot 0{,}2\frac{mol}{L}} = 0{,}010\,\frac{L}{mol\ s} \tag{9.29}$$

In Tab. 9.1 sind noch einmal die wichtigen kinetischen Gleichungen für einen einfachen Prozess A → P für 0., 1. und 2. Ordnung zusammengestellt.

In der letzten Zeile von Tab. 9.1 finden wir auch die entsprechenden Gleichungen für einen Prozess A + B → P mit einer Gesamtordnung von 2.

9.9   Wie ändert sich die potenzielle Energie auf dem Weg vom Eduktmolekül zum Produktmolekül?

Die Kinetik ist einerseits eine sehr praxisorientierte Wissenschaft, die uns mit den Geschwindigkeitsgesetzen Informationen gibt, damit wir Reaktionen mit einer kontrollierten Geschwindigkeit ablaufen lassen können.

Andererseits sind kinetische Untersuchungen auch Grundlage für ein Verständnis einer chemischen Reaktion auf molekularer Ebene.

Was läuft bei einer chemischen Reaktion mikroskopisch ab?

Das verrät uns das sog. **Reaktionsprofil** (Abb. 9.9).

Tab. 9.1 Übersicht „Kinetik einfacher Reaktionen" (Geschwindigkeitsgesetze und integrierte Geschwindigkeitsgesetze von einfachen Reaktionen 0., 1. und 2. Ordnung)

Reaktion	Ordnung	Geschwindigkeitsgesetz	$[k]$	Integriertes Geschwindigkeitsgesetz	Halbwertszeit
$A \to P$	0	$r = k$	$\frac{mol}{L\,s}$	$[A] = [A]_0 - kt$	$t_{1/2} = \frac{[A]_0}{2\,k}$
$A \to P$	1	$r = k[A]$	$\frac{1}{s}$	$[A] = [A]_0 \cdot e^{-kt}$	$t_{1/2} = \frac{ln(2)}{k}$
$A \to P$	2	$r = k[A]^2$	$\frac{L}{mol\,s}$	$[A] = \frac{[A]_0}{1+k[A]_0 t}$	$t_{1/2} = \frac{1}{k[A]_0}$
$A + B \to P$	$2(1+1)$	$r = k[A][B]$	$\frac{L}{mol\,s}$	$kt = \frac{1}{[B]_0-[A]_0}ln\left(\frac{[B][A]_0}{[A][B]_0}\right)$	je nach Stöchiometrie

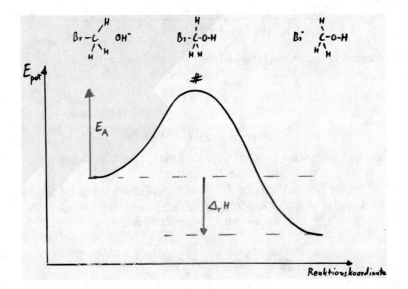

Abb. 9.9 Reaktionsprofil, aktivierter Komplex (Übergangszustand) und Aktivierungsenergie am Beispiel einer S_N2-Reaktion

Bei jeder Reaktion ordnen sich die Atome der beteiligten Moleküle im Raum um. Die Anfangspositionen der Atome sind die Reaktanten (Edukte, Substrate) – die Endpositionen der Atome sind die Produkte. Auf dem Weg von Edukten zu Produkten (Reaktionskoordinate) ändert sich die Energie. Dies wird durch das Reaktionsprofil beschrieben. Bitte beachten Sie, dass es sich hier – im Gegensatz zu den thermodynamischen Darstellungen einer Reaktion – tatsächlich um die Situation weniger Moleküle handelt.

Nehmen wir als Beispiel die S_N2-Reaktion von Brommethan mit OH^--Ionen. Bei der Reaktion ordnen sich die Atome der Reaktanten im Raum um. Diese geometrische Umordnung wird durch die x-Achse – die Reaktionskoordinate – im Reaktionsprofil beschrieben.

Die y-Achse beschreibt die potenzielle Energie. Während der Reaktion werden Bindungen gedehnt und gespalten, andere Bindungen bilden sich. Die potenzielle Energie ändert sich während der Reaktion und durchläuft ein Maximum.

Das Maximum, der energiereichste Zustand auf dem Weg von den Edukten zu den Produkten, nennen wir **aktivierter Komplex** oder **Übergangszustand** und wir kennzeichnen ihn mit einem Doppelkreuz ‡ (oder Hashtag #).

Der Energieunterschied zwischen Edukten und Übergangszustand wird als **Aktivierungsenergie** bezeichnet.

Der Übergangszustand und die Aktivierungsenergie beeinflussen nun in ganz entscheidendem Maße die Geschwindigkeit eines Prozesses. Auch die Eduktmoleküle einer exothermen Reaktion, wie sie in Abb. 9.9 gezeichnet ist, benötigen zunächst Energie, damit die Reaktion sozusagen „über den Berg" geht.

Dies ist in der Regel thermische Energie und damit ist auch klar, dass die Temperatur eine große Rolle für die Reaktionsgeschwindigkeit spielt.

9.10   Wie beeinflusst die Temperatur die Geschwindigkeit einer Reaktion?

In Tab. 9.2 sehen wir die kinetischen Daten der Spaltung von Rohrzucker in Glucose und Fructose für verschiedene Temperaturen

$$Saccharose \rightarrow Glucose + Fructose \qquad (9.30)$$

Die Reaktionsgeschwindigkeitskonstante nimmt stark mit der Temperatur zu. VAN'T HOFF hat dies mit der sog. **RGT-Regel** quantifiziert. Diese besagt, dass eine Temperaturerhöhung von 10 °C ungefähr einer Verdoppelung der Reaktionsgeschwindigkeit bewirkt.

Noch mathematischer hat ARRHENIUS die Abhängigkeit von k mit der Temperatur in der nach ihm benannten Gleichung formuliert.

$$k = A \cdot e^{-E_A/RT} \qquad (9.31)$$

In der **ARRHENIUS-Gleichung** finden sich zwei kinetische Kenngrößen, nämlich die Aktivierungsenergie E_A, die wir aus dem Reaktionsprofil kennen, und der **Frequenzfaktor** A, quasi eine Grenzgeschwindigkeit für unendlich hohe Temperatur.

Tab. 9.2   Kinetische Daten der Rohrzuckerinversion bei verschiedenen Temperaturen

Temperatur	Halbwertszeit	Geschwindigkeitskonstante
30,0 °C	20,0 min	$0{,}035\,\frac{1}{min}$
50,0 °C	5,0 min	$0{,}14\,\frac{1}{min}$
70,0 °C	1,0 min	$0{,}69\,\frac{1}{min}$

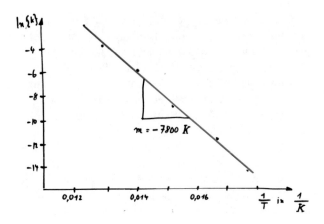

Abb. 9.10 ARRHENIUS-Auftragung zur Ermittlung der Aktivierungsenergie

9.11 Wie berechnen wir die kinetischen Kenngrößen nach Arrhenius?

Die ARRHENIUS-Kenngrößen können wir aus experimentellen Daten ermitteln, wenn wir eine Reaktion bei mehreren Temperaturen kinetisch vermessen und den Logarithmus der Geschwindigkeitskonstanten gegen den Kehrwert der absoluten Temperatur auftragen (linearisierte Form der ARRHENIUS-Gleichung, Abb. 9.10)

$$\ln k = \ln A - \frac{E_A}{R}\frac{1}{T} \tag{9.32}$$

Dies ist die *ARRHENIUS*-**Auftragung.**

Aus der Steigung der resultierenden Geraden erhalten wir die Aktivierungsenergie; aus dem Achsenabschnitt den Frequenzfaktor. Wenn wir die Aktivierungsenergie kennen, können wir mit der ARRHENIUS-Gleichung auch Geschwindigkeitskonstanten bei beliebigen Temperaturen ausrechnen.

$$\ln\left(\frac{k'(T_1)}{k(T_2)}\right) = -\frac{E_A}{R}\left(\frac{1}{T_1} - \frac{1}{T_2}\right) \tag{9.33}$$

9.12 Wie beeinflusst die Stabilität des Übergangszustands die Geschwindigkeit?

Der Einfluss des Übergangszustandes auf die Reaktionsgeschwindigkeit wurde insbesondere von HENRY EYRING quantifiziert. Nach EYRINGwird die Geschwindigkeit einer Reaktion vor allem durch den Stabilitätsunterschied zwischen den Edukten und dem Übergangszustand bestimmt, durch die **freie Aktivierungsenthalpie** das $\Delta G^{\#}$.

$$r \sim e^{-\Delta G^{\#}/RT} \tag{9.34}$$

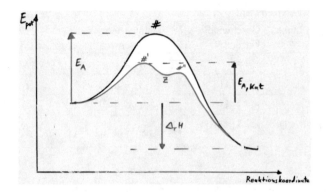

Abb. 9.11 Reaktionsprofil mit und ohne Katalysator

Jede Maßnahme, die $\Delta G^{\#}$ verringert, beschleunigt die Reaktion.

Beispielsweise wirkt ein Katalysator in der Art und Weise, dass ein anderer, mitunter komplizierterer, Reaktionsweg eingeschlagen wird, der aber die Aktivierungsenergie und damit $\Delta G^{\#}$ verringert (Abb. 9.11).

Mit der EYRING-**Theorie des Übergangszustands** können auch der Einfluss des Lösemittels und der Einfluss der Ionenstärke auf die Reaktionsgeschwindigkeit quantifiziert werden.

9.13 Zusammenfassung zu Kapitel 9

Die Konzentration der Edukte kann in unterschiedlicher Art und Weise auf die Reaktionsgeschwindigkeit wirken.

Wir quantifizieren dies durch Angabe der Reaktionsordnung. Je nach Reaktionsordnung ergeben sich unterschiedliche Geschwindigkeitsgesetze, Konzentrations-Zeit-Kurven und Halbwertszeiten (Tab. 9.3).

Tab. 9.3   Übersicht „Kinetik einfacher Reaktionen"

Reaktion	Ordnung	Geschwindig-keitsgesetz	$[k]$	Integriertes Geschwindigkeitsgesetz	Halbwertszeit
$A \rightarrow P$	0	$r = k$	$\frac{mol}{L\,s}$	$[A] = [A]_0 - kt$	$t_{1/2} = \frac{[A]_0}{2\,k}$
$A \rightarrow P$	1	$r = k[A]$	$\frac{1}{s}$	$[A] = [A]_0 \cdot e^{-kt}$	$t_{1/2} = \frac{\ln(2)}{k}$
$A \rightarrow P$	2	$r = k[A]^2$	$\frac{L}{mol\,s}$	$[A] = \frac{[A]_0}{1+k[A]_0 t}$	$t_{1/2} = \frac{1}{k[A]_0}$
$A + B \rightarrow P$	$2(1+1)$	$r = k[A][B]$	$\frac{L}{mol\,s}$	$kt = \frac{1}{[B]_0-[A]_0} \ln\left(\frac{[B][A]_0}{[A][B]_0} \right)$	je nach Stöchiometrie

Mikroskopisch kann eine Reaktion durch das Reaktionsprofil veranschaulicht werden. Hier ist insbesondere das Maximum – der Übergangszustand – für die Reaktionsgeschwindigkeit relevant. Mit der *ARRHENIUS*-Gleichung

$$k = A \cdot e^{-\frac{E_A}{RT}} \tag{9.35}$$

können wir den Temperatureinfluss auf die Reaktionsgeschwindigkeit quanti-fizieren.

Die kinetischen Kenngrößen Aktivierungsenergie und Frequenzfaktor erhalten wir durch Auswertungen der Daten mittels **Arrhenius-Auftragung**.

Wenn wir die Kenngrößen kennen, können wir Geschwindigkeitskonstanten, Umsätze und Reaktionszeiten für beliebige Temperaturen ermitteln. Einflüsse von Katalysatoren, Lösemittel und Ionenstärke lassen sich durch die *EYRING*'sche Theorie des Übergangszustandes quantifizieren.

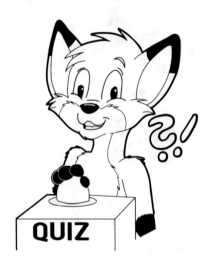

9.14   Testfragen

1. Eine Reaktion A → P erfolgt nach einer einfachen Kinetik 2. Ordnung.
   Markieren Sie die korrekte(n) Aussage(n).
   a. Die Reaktionsgeschwindigkeit r hat die Einheit $[r] = mol/(L*s)$.
   b. Die Reaktionsgeschwindigkeitskonstante k hat die Einheit $[k] = 1/s$.
   c. Die Halbwertszeit ist konstant.
   d. Die Reaktionsgeschwindigkeit ist konstant.
   e. Die Auftragung $1/[A]$ gegen t ergibt eine Gerade.
2. Die Eduktkonzentration wird verdoppelt.
   a. Wie ändert sich die Anfangs-Reaktionsgeschwindigkeit und die Anfangs-Halbwertszeit der Reaktion, wenn die Reaktion nach einer Kinetik 1. Ordnung verläuft?
   b. Wie ändert sich die Anfangs-Reaktionsgeschwindigkeit und die Anfangs-Halbwertszeit der Reaktion, wenn die Reaktion nach einer Kinetik 2. Ordnung verläuft?
3. Reaktion A besitzt die Aktivierungsenergie 150 kJ/mol.
   Reaktion B besitzt die Aktivierungsenergie 100 kJ/mol. Die Frequenzfaktoren beider Reaktionen sind gleich und bei 50 °C sind beide Reaktionen gleich schnell. Markieren Sie die korrekte(n) Aussage(n).
   a. Bei 70 °C sind die Reaktionen gleich schnell.
   b. Bei 70 °C ist Reaktion A schneller als Reaktion B.
   c. Bei 70 °C ist Reaktion B schneller als Reaktion A.
   d. Bei 30 °C ist Reaktion A schneller als Reaktion B.
   e. Bei 30 °C ist Reaktion B schneller als Reaktion A.
   f. Bei 30 °C sind die Reaktionen gleich schnell.

Tab. 9.4 *Kinetische Daten der Reaktion A + B → P.*

$[A]_0$	$[B]_0$	r_0
$0{,}30\,\frac{mol}{L}$	$0{,}30\,\frac{mol}{L}$	$0{,}12\,\frac{mol}{L\,s}$
$0{,}60\,\frac{mol}{L}$	$0{,}60\,\frac{mol}{L}$	$0{,}24\,\frac{mol}{L\,s}$
$0{,}90\,\frac{mol}{L}$	$0{,}30\,\frac{mol}{L}$	$0{,}36\,\frac{mol}{L\,s}$
$0{,}30\,\frac{mol}{L}$	$0{,}90\,\frac{mol}{L}$	$0{,}12\,\frac{mol}{L\,s}$

9.15 Übungsaufgaben

1. Butadien kann dimerisieren:

$$2 \quad H_2C = CH - CH = CH_2 \quad \rightarrow \quad \textit{Butadien} - \textit{Dimeres}$$

Bei 305 °C liegt zunächst reines Butadien mit einer Konzentration von 0,0500 mol/L vor. Die Reaktion besitzt eine Geschwindigkeitskonstante von $9{,}85\,\frac{mL}{mol\cdot s}$. Berechnen Sie:
a) den Butadien-Umsatz nach 30 min,
b) die Anfangs-Halbwertszeit $t_{1/2}$ der Reaktion,
c) die Anfangs-Reaktionsgeschwindigkeit r°.

2. Die „Rohrzuckerinversion"

$$\textit{Saccharose}(aq) + H_2O \rightarrow \textit{Fructose}(aq) + \textit{Glucose}(aq)$$

verläuft nach 1. Ordnung und besitzt bei 30,0 °C eine Halbwertszeit von 10,0 min. Bei 50,0 °C verringert sich die Halbwertszeit auf 2,90 min. Berechnen Sie die Aktivierungsenergie E_A der Reaktion.

3. In Tab. 9.4 sind die Anfangsgeschwindigkeiten r_0 der Reaktion. $A + B \rightarrow P$ für eine Temperatur von 298 K angegeben.

Das Geschwindigkeitsgesetz dieser Reaktion lautet

$$r = k \cdot [A]^a \cdot [B]^b$$

Ermitteln Sie die Reaktionsordnungen a und b und die Geschwindigkeitskonstante k.

Reaktionsmechanismus 10

10.1 Motivation

Die wenigsten Reaktionen verlaufen in einfacher Weise von den Edukten zu den Produkten. Oftmals existiert ein ganzes Netzwerk von Elementarreaktionen, die ineinandergreifen (Abb. 10.1). Diese Reaktionsmechanismen führen dazu, dass die Gesamtkinetik einer Reaktion wesentlich komplizierter sein kann als die im letzten Kapitel diskutierten Fälle.

Abb. 10.1 Wie beschreiben wir die Kinetik komplexerer Reaktionen? (https://doi.org/10.5446/40357)

J. „SciFox" Lauth, *Physikalische Chemie kompakt*,
https://doi.org/10.1007/978-3-662-64588-8_10

10.2   Welche kinetischen Kenngrößen besitzt eine einfache Reaktion A → B?

Wie beeinflusst der Mechanismus die Geschwindigkeit einer Reaktion? Wir werden in diesem Kapitel diese Frage für die drei einfachsten Mechanismen diskutieren: Gleichgewichtsreaktion, Folgereaktion und Parallelreaktion.

Bisher haben wir nur einfache Reaktionen diskutiert, bei denen die Edukte in *eine* Richtung zu den Produkten reagieren, etwa der Zerfall von Ethylamin zu Ethylen und Ammoniak.

$$EtNH_2 \rightarrow CH_2 = CH_2 + NH_3 \tag{10.1}$$

Diese einfache Reaktion folgt einem Geschwindigkeitsgesetz 1. Ordnung: Die Geschwindigkeit ist proportional der Ethylaminkonzentration.

$$r = 0,14\frac{1}{h} \cdot [EtNH_2]^1 \tag{10.2}$$

Entsprechend ist das integrierte Geschwindigkeitsgesetz eine e-Funktion.

$$[EtNH_2]=[EtNH_2]_0 \cdot e^{-0,14\frac{1}{h} \cdot t} \tag{10.3}$$

Die Geschwindigkeitskonstante hängt in der von ARRHENIUS formulierten Form von der Temperatur ab. Wenn wir die ARRHENIUS-Parameter Aktivierungsenergie und Frequenzfaktor kennen, können wir k für beliebige Temperaturen ermitteln.

$$k = 8,12 \cdot 10^{10}\frac{1}{s} \cdot e^{-\frac{176,4\frac{kJ}{mol}}{RT}} \tag{10.4}$$

10.3   Aus welchen Elementarreaktionen besteht eine Reaktion?

In vielen Fällen reagiert ein Edukt aber nicht in einem Schritt zu dem Produkt. Für die Spaltung von Acetaldehyd wurde beispielsweise eine Reaktionsordnung von 1,5 experimentell festgestellt.

$$CH_3CHO \quad \rightarrow \quad CH_4 + CO \tag{10.5}$$

$$r = k \cdot [CH_3CHO]^{1,5} \tag{10.6}$$

Dieses Geschwindigkeitsgesetz kann nur dann nachvollzogen werden, wenn postuliert wird, dass Reaktion nicht in einem Schritt abläuft, sondern drei **Elementarreaktionen** beinhaltet.

$$CH_3CHO \quad \xrightarrow{k} \quad CH_3 \cdot + CHO \cdot \quad \text{(I)} \qquad (10.7)$$

$$CH_3 \cdot + CH_3CHO \quad \xrightarrow{k'} \quad CH_4 + CO + CH_3 \cdot \quad \text{(II)} \qquad (10.8)$$

$$CH_3 \cdot + CH_3 \cdot \quad \xrightarrow{k''} \quad C_2H_6 \quad \text{(III)} \qquad (10.9)$$

Diese drei Elementarreaktionen symbolisieren den **Mechanismus** der Reaktion. Jede Elementarreaktion hat eine einfache Kinetik – so wie im letzten Kapitel beschrieben

$$r_1 = k[CH_3CHO] \qquad (10.10)$$

$$r_2 = k'[CH_3 \cdot][CH_3CHO] \qquad (10.11)$$

$$r_3 = k''[CH_3 \cdot]^2 \qquad (10.12)$$

aber das Ineinandergreifen der Reaktionen macht die Gesamtkinetik etwas komplizierter.

Elementarreaktionen sind solche Reaktionen, die so, wie sie formuliert sind, auch auf molekularer Ebene ablaufen.

Für die Elementarreaktionen können wir die Reaktionsordnung sogar voraussagen: Es gilt hier, dass unimolekulare Reaktionen nach 1. Ordnung und bimolekulare Reaktionen nach 2. Ordnung reagieren.

Die Begriffe unimolekular und bimolekular beschreiben, aus wie vielen Edukt-Molekülen der Übergangszustand besteht.

Die Kinetik des Acetaldehyd-Zerfalls kann also verstanden werden, wenn wir einen Mechanismus aus drei Elementarreaktionen I, II und III postulieren. Elementarreaktion I ist unimolekular und 1. Ordnung; Elementarreaktionen II und III sind bimolekular und 2. Ordnung.

10.4   Welche Mechanismen können wir aus zwei Elementarreaktionen kombinieren?

Wir werden uns in diesem Kapitel auf Mechanismen beschränken, die aus zwei Elementarreaktion aufgebaut sind.

Insgesamt können wir drei Mechanismen aus zwei Elementarreaktionen konstruieren, die wir im Nachfolgenden ausführlicher diskutieren wollen.

$$A \rightarrow B$$
$$B \rightarrow A$$

$$A \rightarrow B$$
$$B \rightarrow C$$

$$A \rightarrow B$$
$$A \rightarrow C$$

Abb. 10.2 Reaktionsmechanismen mit zwei Elementarreaktionen: Gleichgewichtsreaktion, Folgereaktion und Parallelreaktion

Es sind dies die **Gleichgewichtsreaktion,** die **Folgereaktion** und die **Parallelreaktion** (Abb. 10.2).

10.5   Wie beschreiben wir den Mechanismus einer Gleichgewichtsreaktion?

Ein Beispiel für eine Gleichgewichtsreaktion ist die Umwandlung von α-D-Glucose in β-D-Glucose – die sog. Mutarotation.

$$\alpha - D - Glucose \; \underset{\overleftarrow{k}}{\overset{\overrightarrow{k}}{\rightleftharpoons}} \; \beta - D - Glucose \tag{10.13}$$

In der sog. **Hinreaktion** reagiert α-Glucose zu β-Glucose. Diese Elementarreaktion ist unimolekular und verläuft folglich nach einem Geschwindigkeitsgesetz 1. Ordnung.

$$\overrightarrow{r} = -\left(\frac{d[\alpha]}{dt}\right)_{\rightarrow} \tag{10.14}$$

$$\overrightarrow{r} = \overrightarrow{k} \cdot [\alpha] \tag{10.15}$$

In der **Rückreaktion** reagiert β-Glucose zu α-Glucose ebenfalls in einer unimolekularen Elementarreaktion. Die Geschwindigkeitskonstante ist jedoch unterschiedlich zur Hinreaktion.

$$r = \left(\frac{d[\alpha]}{dt}\right)_{\leftarrow} \tag{10.16}$$

$$r = \overleftarrow{k} \cdot [\beta] \tag{10.17}$$

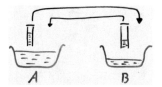

Abb. 10.3 Badewannenmodell einer Gleichgewichtsreaktion

10.6 Wie können wir eine Gleichgewichtsreaktion im Modell abbilden?

Im Modell können wir uns eine Gleichgewichtsreaktion so vorstellen, dass wir nicht nur von der Edukt-Badewanne mit einem Behälter (A) Wasser in die Produkt- Badewanne transportieren, sondern auch umgekehrt mit einem anderen Behälter (B) Wasser aus der Produktbadewanne zurück in die Edukt-Badewanne leiten (Abb. 10.3).

10.7 Wie sehen die Konzentrations-Zeit-Kurven bei einer Gleichgewichtsreaktion aus?

Zur vollständigen Beschreibung der Kinetik der Gleichgewichtsreaktion

$$A \underset{\overleftarrow{k}}{\overset{\overrightarrow{k}}{\rightleftharpoons}} B \tag{10.18}$$

müssen wir die Elementarreaktionen bilanzieren. Die Rückreaktion stellt bilanztechnisch eine **Quelle** für das Edukt A dar; die Rückreaktion hingegen ist eine **Senke** für das Edukt A.

Die Gesamtänderung der Konzentration von A ergibt sich also als

$$\frac{d[A]}{dt} = \overleftarrow{k}\,[B] - \overrightarrow{k}\,[A] \tag{10.19}$$

Dies ist das Geschwindigkeitsgesetz einer Gleichgewichtsreaktion, welches wir integrieren können und daraus die Konzentrations-Zeit-Kurven erhalten (Abb. 10.4).

$$[A] = \frac{[A]_0}{\overrightarrow{k} + \overleftarrow{k}} \left(\overleftarrow{k} + \overrightarrow{k} \cdot e^{-\left(\overrightarrow{k} + \overleftarrow{k}\right)t} \right) \tag{10.20}$$

Die Konzentration von A nimmt exponentiell ab, aber nicht auf 0, sondern auf einen Gleichgewichtswert $[A]_{eq}$.

Genauso nimmt die Konzentration von B von 0 beginnend zu auf einen Gleichgewichtswert $[B]_{eq}$.

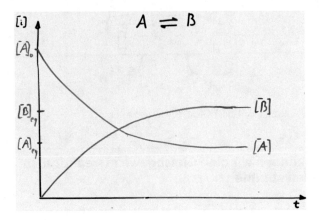

Abb. 10.4 Integriertes Zeitgesetz einer Gleichgewichtsreaktion A ⇌ B

10.8 Wie ist der Zusammenhang zwischen Kinetik und Thermodynamik bei einer Gleichgewichtsreaktion?

Im Reaktionsprofil müssen wir nun sowohl eine Aktivierungsenergie $\overrightarrow{E_A}$ der Hinreaktion als auch die Aktivierungsenergie $\overleftarrow{E_A}$ der Rückreaktion berücksichtigen (Abb. 10.5). Die Differenz dieser Aktivierungsenergien ist die Reaktionsenthalpie $\Delta_r H$, eine thermodynamische Größe.

$$\overrightarrow{E_A} - \overleftarrow{E_A} = \Delta_r H \tag{10.21}$$

Im dynamischen Gleichgewicht ist die Geschwindigkeit der Hinreaktion genauso groß wie die Geschwindigkeit der Rückreaktion.

$$\overleftarrow{r} = \overrightarrow{r} \tag{10.22}$$

Wenn wir die Geschwindigkeitsgesetze entsprechend formulieren, erhalten wir das Massenwirkungsgesetz:

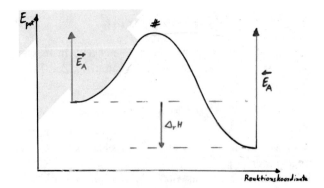

Abb. 10.5 Reaktionsprofil einer Gleichgewichtsreaktion

$$\overleftarrow{k}\,[B]_{eq} = \overrightarrow{k}\cdot[A]_{eq} \tag{10.23}$$

$$K_{eq} = \frac{[B]_{eq}}{[A]_{eq}} = \frac{\overrightarrow{k_1}}{\overleftarrow{k_1}} \tag{10.24}$$

10.9   Wie beschreiben wir den Mechanismus einer Folgereaktion?

In der radioaktiven Zerfallsreihe von Uran zerfällt Radium in Radon und dieses zerfällt weiter in Polonium (Abb. 10.6).

Das ist ein Beispiel für eine Folgereaktion. Radon ist das Zwischenprodukt, welches sich in der ersten Reaktion (Bildungsreaktion) bildet und in der zweiten Reaktion („Zerfallsreaktion") zerfällt.

Allgemeiner formuliert:

$$A \quad \overset{k}{\rightarrow} \quad B \quad \overset{k'}{\rightarrow} \quad C \tag{10.25}$$

Die Bildungsreaktion ist die Quelle für das Zwischenprodukt B und die Zerfallsreaktion ist die Senke für das Zwischenprodukt B.

10.10   Wie können wir eine Folgereaktion im Modell abbilden?

Im Modell müssen wir jetzt mit drei Behältern A, B und C arbeiten (Abb. 10.7). Wir transportieren mit einem Gefäß (1) Wasser von A nach B und mit einem anderen Gefäß (2) Wasser von B nach C. Die jeweilige Größe des Transportgefäßes entspricht den Geschwindigkeitskonstanten.

$$^{226}_{88}Ra \quad \overset{\alpha}{\underset{t_{1/2}\,=\,1622\,a}{\rightarrow}} \quad ^{222}_{86}Rn \quad \overset{\alpha}{\underset{t_{1/2}\,=\,3,8\,d}{\rightarrow}} \quad ^{218}_{84}Po$$

Abb. 10.6   Ausschnitt aus der Uran-Radium-Zerfallsreihe

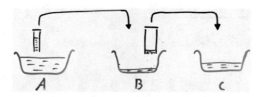

Abb. 10.7   Badewannenmodell einer Folgereaktion

10.11 Wie sehen die Konzentrations-Zeit-Kurven bei einer Folgereaktion aus?

Für die Gesamtkinetik müssen wir die Bildungsreaktion des Zwischenproduktes

$$r_1 = \left(\frac{d[B]}{dt} \right)_I \tag{10.26}$$

$$r_1 = k[A] \tag{10.27}$$

und die Zerfallsreaktionen des Zwischenproduktes

$$r_2 = - \left(\frac{d[B]}{dt} \right)_{II} \tag{10.28}$$

$$r_2 = k'[B] \tag{10.29}$$

entsprechend bilanzieren. Wir erhalten dann das Geschwindigkeitsgesetz.

$$\frac{d[B]}{dt} = k[A] - k'[B] \tag{10.30}$$

Dieses können wir integrieren und erhalten die Konzentrations-Zeit- Kurven (Abb. 10.8).

$$[A] = [A]_0 \cdot e^{-kt} \tag{10.31}$$

$$[B] = \frac{k}{k' - k} \cdot [A]_0 \cdot \left(e^{-kt} - e^{-k't} \right) \tag{10.32}$$

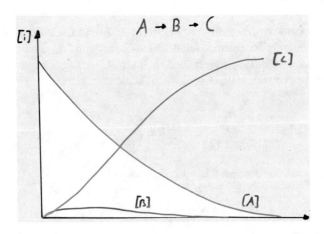

Abb. 10.8 Konzentrations-Zeit-Kurven für eine Folgereaktion A → B → C mit instabilem Zwischenprodukt

$$[C] = [A]_0 \cdot \left(1 - \frac{k'}{k' - k}\, e^{-k' t} + \frac{k}{k' - k}\, e^{-k' t} \right) \qquad (10.33)$$

Interessant ist hier vor allem die Konzentrations-Zeit-Kurve des Zwischenprodukts B, welche ein Maximum aufweist.

10.12   Ist das Zwischenprodukt stabil oder instabil?

Bei relativ stabilen Zwischenprodukten ist das Maximum ausgeprägt, bei instabilen Zwischenprodukten ist es sehr flach und kaum zu erkennen.

Im letzteren wichtigen Fall gilt das Quasistationaritätsprinzip.

Im Reaktionsprofil einer Folgereaktion finden wir zwei Maxima und ein Minimum (Abb. 10.9). Die Maxima entsprechen den Übergangszuständen und das Minimum entspricht dem Zwischenprodukt.

Entsprechend existieren auch zwei Aktivierungsenergien.

Sind die Geschwindigkeitskonstanten der Bildungs- und Zerfallsreaktion stark unterschiedlich, so gilt bei Folgereaktionen, dass die langsamste Reaktion **geschwindigkeitsbestimmend** ist.

Wenn die Zerfallsreaktion eine deutlich größere Geschwindigkeits-konstante besitzt als die Bildungsreaktion, sprechen wir von einem instabilen Zwischenprodukt. Hier gilt das oben schon kurz erwähnte **BODENSTEIN**'sche **Quasistationaritätsprinzip:** Das Zwischenprodukt besitzt eine sehr geringe Konzentration, die sich zeitlich praktisch nicht ändert.

$$\frac{d[B]}{dt} = k[A] - k'[B] \approx 0 \qquad (10.34)$$

$$[B] \approx 0 \qquad (10.35)$$

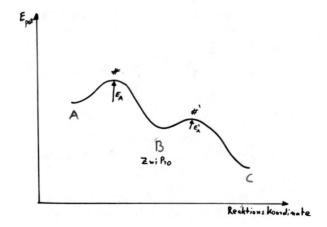

Abb. 10.9 Reaktionsprofil für eine Folgereaktion mit instabilem Zwischenprodukt

$$H_2C = CH - CH = CH_2 \quad + \quad HBr \quad \rightarrow \quad H_3C - CHBr - CH = CH_2$$

$$H_2C = CH - CH = CH_2 \quad + \quad HBr \quad \rightarrow \quad H_3C - CH = CH = CH_2Br$$

Abb. 10.10 Hydrobromierung von Butadien als Beispiel einer Parallelreaktion (Konkurrenz-reaktion)

10.13   Wie beschreiben wir den Mechanismus einer Parallelreaktion?

Butadien kann Bromwasserstoff addieren, entweder zum 1,2- oder zum 1,4-Produkt (Abb. 10.10).

Das ist ein Beispiel für eine Parallelreaktion. Das Edukt A kann einerseits „nach rechts" zum Produkt B und andererseits „nach links" zum Produkt C reagieren.

$$C \quad \overset{k'}{\leftarrow} \quad A \quad \overset{k}{\rightarrow} B \tag{10.36}$$

10.14   Wie können wir eine Parallelreaktion im Modell abbilden?

Im Modell befördern wir nun aus ein und derselben Badewanne A mit zwei unter-schiedlichen Behältern Flüssigkeit in die Badewannen B und C (Abb. 10.11).

10.15   Wie sehen die Konzentrations-Zeit-Kurven bei einer Parallelreaktion aus?

Die Kinetik der Gesamtreaktion erhalten wir wie gehabt durch Bilanzierung der beiden Elementarreaktionen. In diesem Fall wirken beiden Reaktionen als Senken für das Edukt A.

$$r_1 = -\left(\frac{d[A]}{dt}\right)_I = k \cdot [A] \tag{10.37}$$

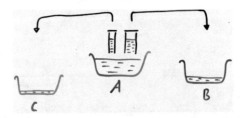

Abb. 10.11 Badewannenmodell einer Parallelreaktion

$$r_2 = -\left(\frac{d[A]}{dt}\right)_{II} = k' \cdot [A] \tag{10.38}$$

Im Geschwindigkeitsgesetz stehen deshalb zwei negative Terme.

$$\frac{d[A]}{dt} = -k[A] - k'[A] \tag{10.39}$$

Durch Integration dieses Gesetzes erhalten wir die Konzentrations-Zeit-Kurven (Abb. 10.12).

$$[A] = [A]_0 \cdot e^{-(k'+k)t} \tag{10.40}$$

$$[B] = \frac{k}{k'+k} \cdot [A]_0 \cdot \left(1 - e^{-(k'+k)t}\right) \tag{10.41}$$

$$[C] = \frac{k'}{k'+k} \cdot [A]_0 \cdot \left(1 - e^{-(k'+k)t}\right) \tag{10.42}$$

Interessant ist, dass der Quotient aus den beiden Produktkonzentrationen [B] und [C] konstant ist – das sog. **WEGSCHEIDER'sche Prinzip der konstanten Selektivität.**

$$\frac{[B]}{[C]} = \frac{k}{k'} \tag{10.43}$$

Im Reaktionsprofil einer Parallelreaktion sehen wir das Edukt in der Mitte und davon ausgehend zwei Reaktionskoordinaten nach rechts und links zu den Produkten (Abb. 10.13).

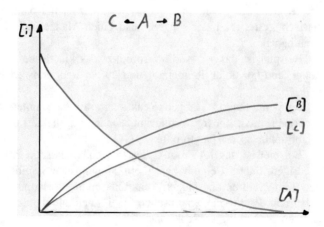

Abb. 10.12   Konzentrations-Zeit-Kurven einer Parallelreaktion (B ist das „kinetische" Produkt)

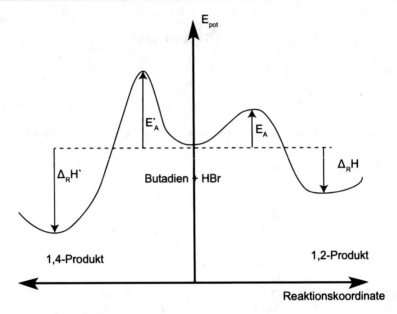

Abb. 10.13 Reaktionsprofil einer Parallelreaktion (Hydrobromierung von Butadien); kinetische und thermodynamische Kontrolle

10.16 Entsteht das kinetische oder das thermodynamische Produkt?

Sind bei einer Parallelreaktion die Aktivierungsenergien und damit die Geschwindigkeitskonstanten deutlich unterschiedlich, so bestimmt die schnellste Teilreaktion die Kinetik des Gesamtprozesses. Dies gilt aber nur dann, wenn die Reaktion **kinetisch gesteuert** ist, wenn wir also einen Mangel an thermischer Energie und Zeit haben.

In unserem Beispiel ist das 1,2-Additionsprodukt das kinetische Produkt: Es entsteht schneller, und bei tiefer Temperatur und kurzer Reaktionszeit ist es das Hauptprodukt.

Bei hohen Temperaturen und langen Reaktionszeiten sind unterschiedliche Aktivierungsenergien nicht mehr so relevant. Dann entscheidet die thermodynamische Stabilität über das Hauptprodukt.

In unserem Beispiel ist das 1,4-Produkt das thermodynamische Produkt – es besitzt eine niedrigere Energie, eine höhere thermodynamische Stabilität und entsteht bei hohen Temperaturen und langen Reaktionszeiten als Hauptprodukt. Die Selektivität entspricht den thermodynamischen Stabilitäten und damit den Gleichgewichtskonstanten der beteiligten Reaktionen.

$$\frac{[\boldsymbol{B}]}{[\boldsymbol{C}]} = \frac{\boldsymbol{K}_{eq}}{\boldsymbol{K}'_{eq}} \tag{10.44}$$

Wir sprechen in einem Fall von kinetischer Kontrolle $\left(\frac{[B]}{[C]} = \frac{k}{k'}\right)$ und im anderen Fall von **thermodynamischer Kontrolle** $\left(\frac{[B]}{[C]} = \frac{K_{eq}}{K'_{eq}}\right)$.

Die Merkregel lautet „**KKKKK**": **K**alte Reaktionstemperatur, **K**urze Reaktionszeit und **K**atalysator für **K**inetische **K**ontrolle.

$$T \downarrow; t \downarrow; Kat \qquad (10.45)$$

10.17 Zusammenfassung

Bei Gleichgewichtsreaktionen sind im Gleichgewicht die Geschwindigkeiten von Hin- und Rückreaktion gleich schnell.

Daraus können wir das Massenwirkungsgesetz ableiten.

$$K_{eq} = \frac{[B]_{eq}}{[A]_{eq}} = \frac{\overrightarrow{k_1}}{\overleftarrow{k_1}} \qquad (10.46)$$

Außerdem erkennen wir aus dem Reaktionsprofil, dass eine Beziehung zwischen Aktivierungsenergien und der Reaktionsenthalpie besteht.

$$\overrightarrow{E_A} - \overleftarrow{E_A} = \Delta_r H \qquad (10.47)$$

Bei Folgereaktionen mit instabilem Zwischenprodukt gilt das Quasistationaritätsprinzip: Die Konzentration dieses Zwischenproduktes ist ungefähr 0 und zeitlich konstant.

$$\frac{d[B]}{dt} = k_1[A] - k'_1[B] \approx 0 \qquad (10.48)$$

Bei Parallelreaktionen wird vor allem *der* Reaktionsweg eingeschlagen, der mit der niedrigeren Aktivierungsenergie korreliert – sofern die Reaktion kinetisch kontrolliert ist.

$$\frac{[B]}{[C]} = \frac{k_1}{k_1'} \tag{10.49}$$

10.18 Testfragen

1. Am Gleichgewicht sind …
   a. die Geschwindigkeiten von Hinreaktion und Rückreaktion gleich groß,
   b. die Geschwindigkeitskonstanten von Hin- und Rückreaktion gleich groß,
   c. die Aktivierungsenergien von Hin- und Rückreaktion gleich groß,
   d. Bildungs- und Zerfallsgeschwindigkeit des Produktes gleich.
2. Welches ist der geschwindigkeitsbestimmende Schritt bei einer …
   a. Folgereaktion?
   b. Parallelreaktion?
3. Welche Aussage(n) macht das BODENSTEIN'sche Quasistationaritätsprinzip?
   a. Die Konzentration eines instabilen Zwischenprodukts ist sehr niedrig.
   b. Die Konzentration eines stabilen Zwischenprodukts ist sehr niedrig.
   c. Bildungs- und Zerfallsgeschwindigkeit eines Zwischenproduktes sind gleich.
   d. Die Konzentration eines instabilen Zwischenprodukts ist zeitlich konstant.
4. Markieren Sie die korrekte(n) Aussage(n).
   a. Bei kinetisch kontrollierten Reaktion sollte die Temperatur möglichst hoch sein.
   b. Bei thermodynamisch kontrollierten Reaktion sollte die Temperatur möglichst hoch sein.

c. Bei kinetisch kontrollieren Reaktionen sollte ein Katalysator eingesetzt werden.

10.19 Übungsaufgaben

1. Gegeben ist eine Gleichgewichtsreaktion

$$\mathbf{A} \; \underset{\overleftarrow{k}}{\overset{\overrightarrow{k}}{\rightleftharpoons}} \; \mathbf{B}$$

Die Hinreaktion besitzt die Aktivierungsenergie $\overrightarrow{E_A} = 11,9\,\frac{\text{kJ}}{\text{mol}}$ und bei 24,0 °C die Geschwindigkeitskonstante $\overrightarrow{k}\,(24,0°C) = 11,9\frac{1}{h}$ Die Rückreaktion besitzt die Aktivierungsenergie $\overleftarrow{E_A} = 19,4\,\frac{\text{kJ}}{\text{mol}}$ und bei 24,0 °C die Geschwindigkeitskonstante $\overleftarrow{k}\,(24,0°C) = 2,60\frac{1}{h}$.

a. Berechnen Sie die Reaktionsenthalpie $\Delta_r H$
b. Berechnen Sie die Konstante der Hinreaktion $\overrightarrow{k}\,(40,5°C)$ bei 40,5 °C.
c. Berechnen Sie die Gleichgewichtskonstante $K_{eq}(24,0°C)$ der Reaktion.
2. Eine Konkurrenzreaktion besitzt folgendes Reaktionsprofil (Abb. 10.14).
Unter welchen Bedingungen entsteht aus dem Ausgangsstoff A das Produkt B; unter welchen Bedingungen entsteht das Produkt C?

Abb. 10.14 Reaktionsprofil
einer Parallelreaktion

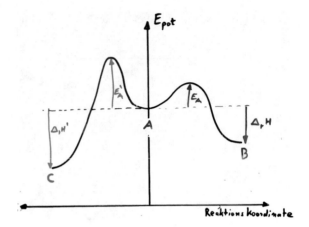

Leitfähigkeit

11.1 Motivation

Elektrochemische Phänomene sind in Alltag und Technik allgegenwärtig: Eine Batterie wandelt chemische Energie in elektrische Energie um; ein pH-Sensor macht aus chemischer Information elektrische Spannung, etc. Die Grundlage aller elektrochemischen Phänomene ist der Transport von Ladungen in verschiedenen leitfähigen Materialien (Abb. 11.1).

Abb. 11.1 Wie bewegen sich Ionen in Elektrolyten? (https://doi.org/10.5446/40358)

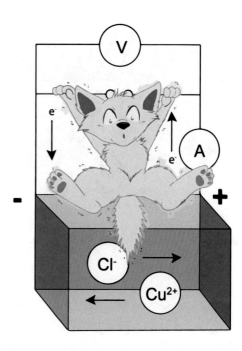

J. „SciFox" Lauth, *Physikalische Chemie kompakt*,
https://doi.org/10.1007/978-3-662-64588-8_11

11.2   Wie funktioniert der Ladungstransport in einem Elektronenleiter?

Beim Ladungstransport unterscheiden wir zwischen Leitern erster und zweiter Klasse (auch: Leitern erster und zweiter Art).

Metalle wie Kupfer oder Silber sind Leiter erster Klasse. Hier geschieht Ladungstransport ausschließlich durch Elektronen.

Abb. 11.2 zeigt das Elektronengasmodell von Silber: Die positiv geladenen Silberrümpfe bilden ein unbewegliches Kristallgitter; die Elektronen sind zwischen den Silberionen frei beweglich wie ein Gas. Jedes Elektron besitzt die negative **Elementarladung**.

$$Q = -e = -1,6 \cdot 10^{-19} \, \text{C} \qquad (11.1)$$

Ein Mol Elektronen besitzen die Ladung 96.485 C – das ist die Faraday-**Konstante** F.

$$e \cdot N_A = 96\,485 \, \frac{\text{As}}{\text{mol}} = F \qquad (11.2)$$

Neben Metallen und Halbmetallen sind auch intrinsisch leitfähige Polymere (ICPs) Elektronenleiter.

Abb. 11.2   Elektronengasmodell eines Leiters erster Klasse (Silber)

Abb. 11.3 Ladungstransport
in einem Leiter zweiter
Klasse

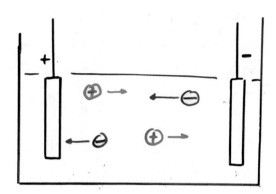

11.3 Wie funktioniert der Ladungstransport in einem Ionenleiter?

In Elektrolyten geschieht der Ladungstransport durch Ionen (Abb. 11.3).
Die **Kationen** besitzen die positive Ladung

$$Q^+ = z^+ e \qquad (11.3)$$

Die **Anionen** besitzen die negative Ladung

$$Q^- = z^- e \qquad (11.4)$$

11.4 Wie sieht die Struktur eines Elektrolyten aus?

Wir können einen Elektrolyten z. B. durch die Auflösung eines Salzes in Wasser
herstellen.

$$K_{v^+} A_{v^-} \xrightarrow{\alpha} v^+ K^{z^+} + v^- A^{z^-} \qquad (11.5)$$

v^+ und v^- sind die Zerfallszahlen, z^+ und z^- sind die Ladungszahlen der Ionen.
Bei der Bildung eines Elektrolyten entstehen immer genauso viele positive wie
negative Ladungen. Deren Anzahl wird durch die **elektrochemische Wertigkeit** n_e
quantifiziert.

$$n_e = v^+ z^+ = \left| v^- z^- \right| \qquad (11.6)$$

Aus einem Mol Kochsalz entstehen beispielsweise ein Mol positive Ladungen und
ein Mol negative Ladungen:

$$NaCl \rightarrow Na^+ + Cl^- \qquad (11.7)$$

$$n_e = 1(+1) = |1(-1)| = 1 \qquad (11.8)$$

Abb. 11.4 Größenvergleich
eines nackten und eines
hydratisiertes Kupferions

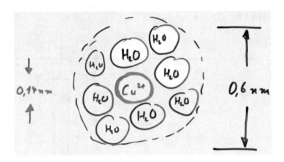

Die Ionen liegen im Elektrolyten hydratisiert vor; bei elektrischer Leitung wandert
die Hydrathülle mit dem Ion mit (Abb. 11.4).

11.5   Wie groß ist die effektive Konzentration (Aktivität) eines Elektrolyten?

Aufgrund der starken elektrischen Wechselwirkungen der Ionen können wir
nur in extrem verdünnten Lösungen davon ausgehen, dass die Ionen nicht miteinander wechselwirken („ideale Elektrolyte"). In realen Elektrolyten müssen die
Wechselwirkungen in der Regel berücksichtigt werden. Die Situation in einem
Elektrolyten wurde von **DEBYE** und **HÜCKEL**in der nach ihnen benannten **Theorie**
beschrieben: Die Ionen sind im Elektrolyten durch eine entgegengesetzt geladene
Ionenwolke abgeschirmt (Abb. 11.5).

Dadurch ist ihre effektive Konzentration – die **Aktivität** a – unterschiedlich zu
ihrer Einwaagekonzentration c.

$$a_\pm = f_\pm \cdot c_\pm \qquad (11.9)$$

Mit dem **DEBYE-HÜCKEL**'schen Grenzgesetz (gültig bis zu einer Konzentration
von ca. 0,01 mol/L) kann man den **Aktivitätskoeffizienten** f berechnen.

Abb. 11.5 Ionenwolke um
ein hydratisiertes Kupferion

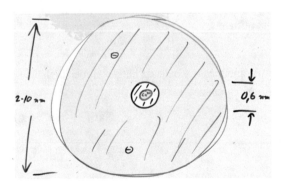

$$\log f_{\pm} = 0,509 \; z_{+} \; z_{-} \; \sqrt{\frac{I}{\text{mol/L}}} \tag{11.10}$$

I ist dabei die Ionenstärke, eine Art erweiterte Konzentrationsangabe.

$$I = \frac{1}{2} \sum_{i} z_i^2 \cdot c_i \tag{11.11}$$

Bei einer Kochsalzlösung stimmen Konzentration und Ionenstärke überein; eine Kochsalzlösung der Einwaage-Konzentration 0,5 mol/L

$$I = c = 0,5 \frac{\text{mol}}{\text{L}} \tag{11.12}$$

besitzt einen Aktivitätskoeffizienten von

$$f_{\pm} = 0,7 \tag{11.13}$$

und besitzt also eine effektive Konzentration von nur

$$a_{\pm} = 0,35 \frac{\text{mol}}{\text{L}} \tag{11.14}$$

In alle thermodynamische Gleichungen, in denen die Konzentration auftritt, z. B. im Massenwirkungsgesetz, im Ionenprodukt oder im pH-Wert, ist für genaue Rechnungen nicht die Konzentration, sondern die Aktivität einzusetzen.

11.6   Wie messen wir die elektrische Leitfähigkeit eines Elektrolyten?

In einem klassischen elektrischen Stromkreis mit Voltmeter und Amperemeter können wir die Leitfähigkeit eines Elektrolyten messen (Abb. 11.6).

Wenn wir in diesen Versuchsaufbau eine 0,5-molare Kochsalzlösung geben und 5 V Spannung anlegen, fließt 0,25 A. Mithilfe des OHM'schen Gesetzes berechnen wir einen Widerstand R von 20 Ω bzw. einen Leitwert (Kehrwert von R) von

$$R = \frac{U}{I} = \frac{5,0 \text{ V}}{0,25 \text{ A}} = 20 \, \Omega \tag{11.15}$$

Durch Normierung des Leitwerts auf die Größe der Messzelle definieren wir die **elektrische Leitfähigkeit** κ.

$$\kappa = \frac{1}{R} \cdot \frac{l}{A} = \frac{1}{20 \, \Omega} \cdot \frac{1 \text{ m}}{0,01 \text{ m}^2} = 5,0 \frac{\text{S}}{\text{m}} \tag{11.16}$$

Die elektrische Leitfähigkeit unserer Kochsalzlösung ist etwa eine Million Mal größer als die Leitfähigkeit von reinstem Wasser.

$$\kappa(H_2O) = 5,5 \frac{\mu\text{S}}{\text{m}} \tag{11.17}$$

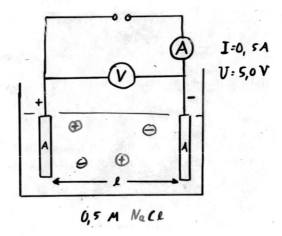

Reinstes Wasser enthält aufgrund der Autoprotolyse bei Raumtemperatur
0,1 nmol/L Protonen und 0,1 nmol/L Hydroxydionen, welche diese Leitfähigkeit
bewirken.

Die Leitfähigkeit eines Mediums ist ein Maß dafür, wie viele Ladungsträger vorhanden sind und wie beweglich diese sind. Naturgemäß ist in Metallen
(namentlich Kupfer) die Leitfähigkeit am größten.

$$\kappa(Cu) = 58 \frac{\mathrm{MS}}{\mathrm{m}} \tag{11.18}$$

Bei Elektrolyten hängt die Leitfähigkeit stark von der Konzentration ab.

Eine 0,05-molare Kochsalzlösung enthält nur ein Zehntel der Ionen der gerade
diskutierten Lösung und leitet ca. um den Faktor 10 schlechter.

$$\kappa(0,5\ M\ NaCl) = 5,0 \frac{\mathrm{S}}{\mathrm{m}} \tag{11.19}$$

$$\kappa(0,05\ M\ NaCl) = 0,6 \frac{\mathrm{S}}{\mathrm{m}} \tag{11.20}$$

11.7 Wie erhalten wir aus der spezifischen Leitfähigkeit die molare Leitfähigkeit eines Elektrolyten?

Wir können die Leitfähigkeit eines Elektrolyten auf ein Mol Elektrolyt normieren,
indem wir die spezifische Leitfähigkeit κ durch die Konzentration c dividieren.
Wir erhalten dann die **molare Leitfähigkeit Λ.**

$$\Lambda = \frac{\kappa}{c} \tag{11.21}$$

Für unsere Kochsalzlösung beträgt sie

$$\Lambda = \frac{5,0\,\frac{S}{m}}{500\,\frac{mol}{m^3}} = 10\,\frac{mS\ m^2}{mol} \qquad (11.22)$$

Die molare Leitfähigkeit ist ein Maß dafür, wie gut ein Mol Elektrolyt leitet.

Eine weitere Möglichkeit besteht darin, die Leitfähigkeit eines Elektrolyten auf ein Mol Ladung zu normieren. Wenn wir die molare Leitfähigkeit Λ durch die elektrochemische Wertigkeit dividieren, erhalten wir die **Äquivalentleitfähigkeit** Λ_e.

$$\Lambda_e = \frac{\Lambda}{n_e} \qquad (11.23)$$

Für 1–1-Elektrolyte wie Kochsalzlösung stimmen molare Leitfähigkeit und Äquivalentleitfähigkeit überein.

11.8   Wie ändert sich die molare Leitfähigkeit eines Elektrolyten beim Verdünnen?

Wenn wir (in einem Gedankenexperiment) ein Mol Elektrolyt in unendlich viel Lösemittel auflösen, könnten wir in diesem idealen Elektrolyten die sogenannte **Grenzleitfähigkeit** Λ_∞ messen.

Wenn sich der Elektrolyt auch bei endlichen Konzentrationen ideal verhalten würde, würden wir immer diese Grenzleitfähigkeit messen; die molare Leitfähigkeit eines idealen Elektrolyten wäre konstant.

$$\Lambda = \Lambda_\infty = const \qquad (11.24)$$

Bei realen Elektrolyten nimmt die molare Leitfähigkeit mit abnehmender Konzentration zu, weil die Beweglichkeit der Ionen größer werden. Die Konzentrationsabhängigkeit der molaren Leitfähigkeit ($\Lambda = f(c)$) und damit die Annäherung an die Grenzleitfähigkeit ist für starke und für schwache Elektrolyte unterschiedlich.

Bei starken Elektrolyten gilt das KOHLRAUSCH'sche **Quadratwurzelgesetz**,

$$\Lambda = \Lambda_\infty - K_K\sqrt{c}. \qquad (11.25)$$

Die Grenzleitfähigkeit des starken Elektrolyten Kochsalz beträgt

$$\Lambda_\infty(NaCl) = 12,64\,\frac{mS\ m^2}{mol} \qquad (11.26)$$

Diesen Wert können wir erhalten, wenn wir mehrere unterschiedlich konzentrierte Kochsalzlösungen vermessen und nach dem KOHLRAUSCH'schen Quadratwurzelgesetz extrapolieren (Abb. 11.7).

Abb. 11.7 Molare
Leitfähigkeit idealer, starker
und schwacher Elektrolyte

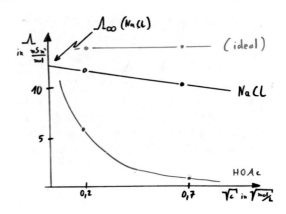

Für schwache Elektrolyte sieht der Zusammenhang zwischen molarer Leitfähigkeit und Grenzleitfähigkeit zunächst relativ einfach aus.

$$\Lambda = \alpha \cdot \Lambda_\infty \qquad (11.27)$$

Allerdings ist der Dissoziationsgrad α selbst konzentrationsabhängig; er hängt über das OSTWALD'sche **Verdünnungsgesetz** mit der Säurekonstante K_a zusammen

$$K_a = \frac{c \cdot \alpha^2}{1 - \alpha} \qquad (11.28)$$

Durch Kombination der Gleichungen ergibt sich eine kompliziertere Funktion, mit der wir z. B. die Grenzleitfähigkeit von Essigsäure experimentell ermitteln können (siehe Praktikumsversuch im Anhang).

$$\frac{1}{\Lambda} = \frac{1}{\Lambda_\infty} + \frac{\Lambda\, c}{K_a\, (\Lambda_\infty)^2} \qquad (11.29)$$

11.9 Wie können wir die Grenzleitfähigkeit eines Elektrolyten berechnen?

Die Grenzleitfähigkeit eines Elektrolyten hat zwei Beiträge: die **Ionenleitfähigkeit** (Ionen-Grenzleitfähigkeit) der Kationen $\lambda_{+\infty}$ und die Ionenleitfähigkeit der Anionen $\lambda_{-\infty}$

$$\Lambda_\infty = \nu_+ \lambda_{+\infty} + \nu_- \lambda_{-\infty} \qquad (11.30)$$

Diese Gleichung geht ebenfalls auf KOHLRAUSCH zurück, es ist das **Gesetz der unabhängigen Ionenwanderung**. Aus tabellierten Ionenleitfähigkeiten können wir mit dieser Gleichung für beliebige Elektrolyte Grenzleitfähigkeiten berechnen.

Tab. 11.1 Grenzleitfähigkeiten einiger Ionen

$$\lambda_\infty(K^+) = 7,35 \frac{\text{mS m}^2}{\text{mol}}$$

$$\lambda_\infty(Na^+) = 5,01 \frac{\text{mS m}^2}{\text{mol}}$$

$$\lambda_\infty(H^+) = 35,0 \frac{\text{mS m}^2}{\text{mol}}$$

$$\lambda_\infty(Cl^-) = 7,63 \frac{\text{mS m}^2}{\text{mol}}$$

$$\lambda_\infty(OH^-) = 19,9 \frac{\text{mS m}^2}{\text{mol}}$$

$$\lambda_\infty(Acetat^-) = 4,09 \frac{\text{mS m}^2}{\text{mol}}$$

Die Grenzleitfähigkeit λ_∞ eines Ions hängt vor allem von seinem hydrodynamischen Radius ab, d. h. von seiner Größe inklusive Hydrathülle (Tab. 11.1). Kaliumionen leiten z. B. besser als Natriumionen, weil Kaliumion eine kleinere Hydrathülle haben. In Wasser leiten H^+-Ionen und OH^--Ionen mit Abstand am besten. Dies liegt daran, dass diese Ionen einen speziellen Leitfähigkeitsmechanismus benutzen – den GROTTHUSS-**Mechanismus.**

11.10 Wie ist der Beitrag des Kations bzw. Anions zur Leitfähigkeit?

In der Regel leisten Anionen und Kationen einen unterschiedlichen Beitrag zur Leitfähigkeit. Dies wird durch die sog. **Überführungszahlen** t_+ und t_- quantifiziert.

$$t_+ = \frac{\nu_+ \lambda_+}{\Lambda} \tag{11.31}$$

$$t_- = \frac{\nu_- \lambda_-}{\Lambda} \tag{11.32}$$

Das Chloridion leitet z. B. deutlich besser als das Natriumion; die Überführungszahl t_+ beträgt

$$t_+ = \frac{5,01 \frac{\text{mS m}^2}{\text{mol}}}{12,64 \frac{\text{mS m}^2}{\text{mol}}} = 0,40 \tag{11.33}$$

Das bedeutet: 40 % des Ladungstransports in Kochsalzlösung geschieht durch die Kationen und 60 % durch die Anionen.

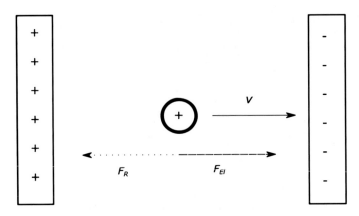

Abb. 11.8 Kräftegleichgewicht an einem Ion im elektrischen Feld

11.11 Wie schnell bewegt sich ein Ion im elektrischen Feld?

Mikroskopisch lässt sich die Leitfähigkeit anhand Abb. 11.8 diskutieren: Die Ionen befinden sich in einem elektrischen Feld. Die Feldkraft

$$F_{el} = z\, e\, E \tag{11.34}$$

beschleunigt die Kationen zunächst in Richtung Kathode, bis sie von der Reibungskraft

$$F_{Stokes} = 6\,\eta\,\pi\,r\,v \tag{11.35}$$

auf eine konstante **Driftgeschwindigkeit** abgebremst werden.

$$v_+ = \frac{z_+\, e}{6\,\eta\,\pi\,r} \cdot E \tag{11.36}$$

Die Driftgeschwindigkeit hängt ab von der elektrische Feldstärke E und einem ionenspezifischen Faktor, der **Beweglichkeit u** genannt wird:

$$u_+ = \frac{z_+\, e}{6\,\eta\,\pi\,r} \tag{11.37}$$

Die Ionenbeweglichkeit u_+ (bzw. u_-) lässt sich einfach aus der Ionenleitfähigkeit λ_+ (bzw. λ_-) und der FARADAY-Konstante ermitteln.

$$u_+ = \frac{\lambda_+}{F} \tag{11.38}$$

In Kochsalzlösung besitzt das Chloridion die größere Beweglichkeit; die Chloridionen bewegen sich also in dieser Lösung mit einer höheren Driftgeschwindigkeit als die Natriumionen.

11.12 Zusammenfassung

Für die komplette Beschreibung eines Elektrolyten

$$K_{v_+}A_{v_-} \overset{\propto}{\to} v_+\, K^{z+} + v_-\, A^{z-} \tag{11.39}$$

benötigen wir dessen elektrochemische Wertigkeit,

$$n_e = v^+ z^+ = \left| v^- z^- \right| \tag{11.40}$$

dessen Ionenstärke

$$I = \frac{1}{2} \sum_i z_i^2 \cdot c_i \tag{11.41}$$

und dessen Aktivität bzw. dessen Aktivitätskoeffizienten nach DEBYE-HÜCKEL

$$\log f_{\pm} = 0,509\, z_+\, z_- \sqrt{\frac{I}{\frac{mol}{L}}} \tag{11.42}$$

Neben der klassischen elektrischen Leitfähigkeit κ

$$\kappa = \frac{1}{R}\frac{l}{A} \tag{11.43}$$

wurde für Elektrolyte die molare Leitfähigkeit Λ und die Grenzleitfähigkeit Λ_∞ eingeführt.

$$\Lambda = \frac{\kappa}{c} \tag{11.44}$$

Die Grenzleitfähigkeit setzt sich aus dem Anionen- und Kationenanteil zusammen

$$\Lambda_\infty = v^+ \lambda_\infty^+ + v^- \lambda_\infty^-$$ (11.45)

Dieser Anteil kann mittels der Überführungszahlen quantifiziert werden.

$$t_+ = \frac{v^+ \lambda_+}{\Lambda}$$ (11.46)

11.13 Testfragen

1. Ordnen Sie mithilfe der Tabelle die Grenzleitfähigkeiten der folgenden Elektrolyte von hoch nach niedrig.
   a. Salzsäure (HCl)
   b. Essigsäure (CH$_3$COOH)
   c. Natronlauge (NaOH)
   d. Kaliumchlorid (KCl)
   e. Natriumchlorid (NaCl)
   f. Lithiumchlorid (LiCl)
2. Markieren Sie die korrekte(n) Aussage(n).
   a. Anionen und Kationen wandern gleich schnell.
   b. Anionen wandern immer schneller als Kationen.
   c. In Wasser wandern Protonen am schnellsten.
   d. Kationen besitzen immer die größere Überführungszahl als Anionen.
3. Eine sog. „isotonische Kochsalzlösung" besteht aus 9,00 g Kochsalz (NaCl, $M = 58,44$ g/mol) in 1,00 L wässriger Lösung. Die Lösung besitzt demnach eine Einwaagekonzentration von 154 mmol/L.
   Markieren Sie die korrekte(n) Angabe(n).

a. Die Aktivität der Lösung ist gleich ihrer Einwaagekonzentration.
b. Der Aktivitätskoeffizient der Lösung ist kleiner als eins.
c. Die Ionenstärke der Lösung entspricht ihrer Einwaagekonzentration.
d. Die Aktivität der Protonen in der Lösung ist geringer als in reinem Wasser.

11.14 Übungsaufgaben

1. Eine Lithiumchloridlösung $\left(LiCl \rightarrow Li^+ + Cl^-\right)$ wird elektrolysiert. Anode und Kathode sind wie in einem Plattenkondensator angeordnet.
   Die Spannung zwischen Anode und Kathode beträgt 60,8 V. Der Abstand zwischen Anode und Kathode beträgt 24,8 cm.
   a. Welche Feldstärke herrscht im Elektrolyt?
   b. Berechnen Sie die Beweglichkeit u_+ des Kations.
   c. Berechnen Sie die Driftgeschwindigkeit v_+ des Kations
   d. Berechnen Sie die Überführungszahl t_+ des Kations.
2. Berechnen Sie die spezifischen Leitfähigkeiten κ_E sowie die pH-Werte folgender Säurelösungen bei 25 °C.
   a. 1,00 mmol Schwefelsäure in 1,00 L Wasser (starker Elektrolyt)

$$\left(H_2SO_4 \rightarrow 2\,H^+ + SO_4^{2-}\,;\, K_{Kohlrausch} = 364\,\frac{mS\ m^2}{mol\sqrt{\frac{mol}{L}}} \right)$$

   b. 1,00 mmol Essigsäure in 1,00 L Wasser (schwacher Elektrolyt)

$$\left(HOAc \rightleftharpoons H^+ + OAc^-\,;\, K_a = 1.3 \cdot 10^{-5}\,\frac{mol}{L} \right)$$

Elektroden

12

12.1 Motivation

Batterien verwandeln chemische Energie in elektrische Energie. Aber wo finden wir in einer chemischen Reaktion Spannung und Stromstärke? Um diese Fragen zu klären, müssen wir uns mit Elektroden befassen (Abb. 12.1).

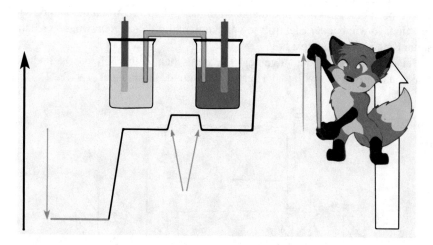

Abb. 12.1 Wie ermitteln wir Spannung und Stromstärke bei Galvani'schen Zellen und Elektrolysen? (https://doi.org/10.5446/40359)

© Der/die Autor(en), exklusiv lizenziert durch Springer-Verlag GmbH, DE, ein Teil von Springer Nature 2022
J. „SciFox" Lauth, *Physikalische Chemie kompakt,*
https://doi.org/10.1007/978-3-662-64588-8_12

12.2   Wie passiert beim Transport von Elektronen *in* den Elektrolyten?

Wenn wir einen Stromkreis mit einem Elektrolyten aufbauen, müssen Ladungsträger zwischen einem Leiter erster Klasse und einem Leiter zweiter Klasse wechseln.

Wir diskutieren die Phänomene im Detail für die Elektrolyse von Kupferchloridlösung (Abb. 12.2).

An der einen Elektrode müssen Elektronen aus dem Metall in den Elektrolyt übergehen. Diese Elektrode nennen wir **Kathode.**

Der Übertritt von Elektronen zwischen Elektronenleiter und Ionenleiter wird **Durchtrittsreaktion** genannt.

$$\overset{Red}{\underset{Ox}{v_{Ox}\, Ox + v_e\, e^- \;\rightleftharpoons\; v_{Red}\, Red}} \qquad (12.1)$$

Die Durchtrittsreaktion formulieren wir immer so, dass auf der linken Seite die oxidierte Spezies und die Elektronen stehen und auf der rechten Seite die reduzierte Spezies.

Bei einem kathodischen Strom läuft die Durchtrittsreaktion also von links nach rechts als Reduktion ab (Abb. 12.3).

Kathode und Reduktion sind demnach immer gekoppelt. Wenn die kathodische Reaktion, so wie bei der Elektrolyse von Kupferchloridlösung, erzwungen abläuft, ist die Kathode der negative Pol.

Bei einer Batterie oder allgemein GALVANI'schen Zelle läuft die kathodische Reaktion hingegen freiwillig ab. Hier ist die Kathode der Pluspol (Tab. 12.1).

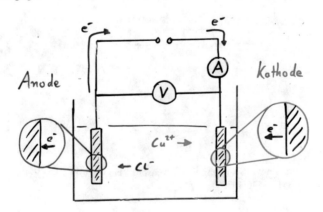

Abb. 12.2 Anodischer und kathodischer Strom bei der Elektrolyse einer Kupferchloridlösung

$$v_{Ox}\, [Ox] + v_e\, e^- \quad \rightarrow \quad v_{Red}\, [Red]$$

$$Cu^{2+} \;+\; 2\, e^- \;\rightarrow\; Cu$$

Abb. 12.3 Kupferabscheidung bei der Kupferchloridelektrolyse als Beispiel für einen kathodischen Prozess

Tab. 12.1 Charakterisierung der Kathode bei einer GALVANI'schen Zelle und bei einer Elektrolyse

„Galvani'sche Zelle"	Elektronenfluss erfolgt freiwillig	Reduktion überwiegt (z.B. Metallabscheidung)	Elektronenfluss aus dem Metall in den Elektrolyten überwiegt	Pluspol
Elektrolyse	Elektronenfluss wird erzwungen	Reduktion überwiegt (z.B. Metallabscheidung)	Elektronenfluss aus dem Metall in den Elektrolyten überwiegt	Minuspol

12.3 Wie passiert beim Transport von Elektronen *aus* dem Elektrolyten?

An der anderen Elektrode im Stromkreis treten Elektronen aus dem Elektrolyt in das Metall. Dies ist die **Anode**, und die Durchtrittsreaktion verläuft hier von rechts nach links als Oxidation (Abb. 12.4).

In einer **Elektrolyse-Zelle** wird die anodische Reaktion erzwungen; bei der Kupferchlorid-Elektrolyse ist dies die Oxidation von Chlorid zu Chlor. Bei der Elektrolyse ist die Anode deshalb der Pluspol.

In **Galvani'schen Zellen** hingegen läuft die anodische Reaktion freiwillig ab; hier ist die Anode der Minuspol, wie z. B. die Zinkelektrode in einer Zink-Kohle-Batterie (Tab. 12.2).

12.4 Wie viel Stoffumsatz passiert an den Elektroden?

Für die Durchtrittsreaktion gelten wie für jede andere chemische Reaktion die Gesetze der Stöchiometrie. Deshalb können wir den Stoffumsatz aus der Anzahl der geflossenen Elektronen berechnen.

$$v_{Ox}[Ox] + v_e e^- \underset{i_{an}}{\overset{i_{cath}}{\rightleftharpoons}} v_{Red}[Red] \tag{12.2}$$

$$v_{Ox}[Ox] + v_e e^- \quad \leftarrow \quad v_{Red}[Red]$$

$$Cl_2 + 2e^- \quad \leftarrow \quad 2Cl^-$$

Abb. 12.4 Chlorentwicklung bei der Kupferchlorid-Elektrolyse als Beispiel für einen anodischen Prozess

Tab. 12.2 Charakterisierung der Anode bei einer GALVANI'schen Zelle und bei einer Elektrolyse

„Galvani'sche Zelle"	Elektronenfluss erfolgt freiwillig	Oxidation überwiegt (z.B. Metallauflösung)	Elektronenfluss aus dem Elektrolyten in das Metall überwiegt	**Minuspol**
Elektrolyse	Elektronenfluss wird erzwungen	Oxidation überwiegt (z.B. Metallauflösung)	Elektronenfluss aus dem Elektrolyten in das Metall überwiegt	**Pluspol**

Mit dieser Überlegung konnte MICHAEL **FARADAY** das nach ihm benannte Gesetz der Elektrolyse formulieren: Die an den Elektroden umgesetzte Stoffmenge n ist nur von der Stromstärke I und von der Zeit t abhängig.

$$n = \frac{m}{M} = \frac{I \cdot t}{v_e F} \tag{12.3}$$

Wenn wir mit einem Strom von 1 A einen Tag lang elektrolysieren, fließen 0,9 Mol Elektronen.

$$\frac{I \cdot t}{F} = \frac{1\,A \cdot 86\,400\,s}{96\,485\,As/mol} = 0,9\,mol \tag{12.4}$$

Diese können z. B. 0,45 Mol Kupfer

$$Cu^{2+} + 2\,e^- \rightarrow Cu \tag{12.5}$$

oder 0,9 Mol Silber abscheiden.

$$Ag^+ + e^- \rightarrow Ag \tag{12.6}$$

Das FARADAY'sche Gesetz gilt gleichermaßen für Anode und Kathode; es gilt für Elektrolysen und GALVANI'sche Zellen.

12.5   Wie groß ist der Potenzialsprung an der Phasengrenze Metall/Elektrolyt?

Die Durchtrittsreaktion läuft an der Phasengrenze Metall/Elektrolyt ab und kann als Gleichgewichtsreaktion formuliert werden.

$$Cu^{2+} + 2\,e^- \underset{Ox}{\overset{Red}{\rightleftharpoons}} Cu \tag{12.7}$$

Kupfer ist ein recht edles Metall, darum liegt bei einer Kupferelektrode das Gleichgewicht auf der rechten Seite.

Wenn wir Kupfermetall in eine Kupferchloridlösung tauchen, überwiegt zunächst die kathodische Reaktion und die Abscheidung von Cu^{2+}-Ionen (kathodischer Strom i_-) ist schneller als die Auflösung des Kupfers (anodischer Strom i_+). Dadurch lädt sich das Kupfermetall positiv auf, wodurch die Ströme schließlich gleich groß werden (Abb. 12.5).

Im Gleichgewicht ist dann das Kupfer positiv und der Elektrolyt negativ geladen. Anodische und kathodische Stromdichten sind gleich und entsprechen der sog. **Austauschstromdichte i_0.**

$$|i_-| = i_+ = i_0 \tag{12.8}$$

Den Potenzialunterschied im Gleichgewicht zwischen Metall und Elektrolyt nennen wir **Elektrodenpotenzial $E_{red/ox}$.**

$$E_{red/ox} = \varphi_{Me} - \varphi_{El} \tag{12.9}$$

$E_{red/ox}$ ist charakteristisch für jede Elektrode; für die Kupferelektrode beträgt $E_{red/ox}$ im Standardzustand (1 mol/L; reines Kupfer):

$$E^o_{Cu/Cu^{2+}} = +0,34 \text{ V} \tag{12.10}$$

Wenn wir das Experiment mit Zinkmetall und Zinkchloridlösung wiederholen, erhalten wir ein negatives Elektrodenpotenzial:

$$E^o_{Zn/Zn^{2+}} = -0,74 \text{ V} \tag{12.11}$$

Beim unedlen Zink liegt das Gleichgewicht der Durchtrittsreaktion auf der linken Seite.

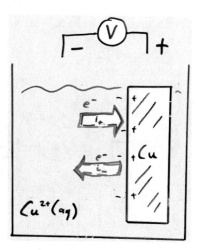

Abb. 12.5 Gleichgewichtspotenzial einer Kupferelektrode

12.6 Wie hängt das Elektrodenpotenzial von der Konzentration ab?

Das Potenzial einer Elektrode hängt nicht nur davon ab, welche Durchtrittsreaktion stattfindet, sondern auch davon, welche Konzentrationen im Einzelfall vorliegen.

In einer 1-molaren Lösung beträgt das Elektrodenpotenzial von Kupfer 0,34 V; bei einer 0,1-molaren Lösung nur noch 0,31 V (alle Werte gemessen gegen die Standard-Wasserstoff-Elektrode SHE, Abb. 12.6).

Die Konzentrationsabhängigkeit des Elektrodenpotenzials wurde von Walter NERNST in der nach ihm benannten **Gleichung** formuliert.

$$E_{Red/Ox} = E^o_{Red/Ox} + \frac{RT}{v_e F} ln \frac{[Ox]^{v_{Ox}}}{[Red]^{v_{Red}}} \tag{12.12}$$

Nach NERNST setzt sich das Elektrodenpotenzial $E_{Red/Ox}$ aus dem Standardpotenzial $E^o_{Red/Ox}$ und einem konzentrationsabhängigen Term (inkl. **NERNST-Faktor** $\frac{RT}{v_e F}$) zusammen.

Die Standardpotenziale $E^o_{Red/Ox}$ sind in der **Spannungsreihe** tabelliert.

Bei Berechnung von Elektrodenpotenzialen müssen wir beachten, dass *alle* Parameter, die in der Durchtrittsreaktion vorkommen, auch in der NERNST'schen Gleichung auftauchen:

$$v_{Ox}Ox + v_e e^- \underset{Ox}{\overset{Red}{\rightleftharpoons}} v_{Red}Red \tag{12.13}$$

Die Anzahl der umgesetzten Elektronen v_e findet man im NERNST-Faktor,

$$\frac{RT}{v_e F} \tag{12.14}$$

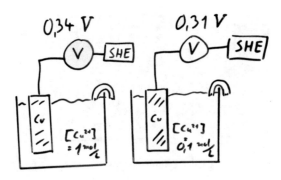

Abb. 12.6 Konzentrationsabhängigkeit des Elektrodenpotenzials einer Kupferelektrode

die Konzentrationen aller oxidierten Spezies findet man im Zähler und die Konzentration aller reduzierten Spezies findet man im Nenner im Argument des Logarithmus.

12.7   Wie nutzen wir die Spannungsreihe?

Die Spannungsreihe ist eine Auflistung von Redoxpaaren, geordnet nach ihrem Standard-Redoxpotenzial $E^o_{Red/Ox}$ (Tab. 12.3). Oben in der Liste stehen die Redoxpaare mit positivem Redoxpotenzial, also hoher Elektronenaffinität (großem „Elektronenhunger").

Unten stehen die Redoxpaare mit niedrigem Redoxpotenzial, also solche, die Elektronen sehr leicht abgeben (hoher „Elektronendruck").

Die Redoxpaare oben sind also stark oxidierend; die Redoxpaare unten sind stark reduzierend. Wenn wir zwei Halbreaktionen aus der Spannungsreihe kombinieren, fließen die Elektronen freiwillig immer nur von unten nach oben.

12.8   Wie beschreiben wir eine Elektrode erster Art (Metall/Metallsalz)?

Formulieren wir die NERNST'sche Gleichung für eine Kupferelektrode

$$Cu(s)/Cu^{2+}(aq) \tag{12.15}$$

Wir formulieren zunächst die Durchtrittsreaktion.

$$Cu^{2+}(aq) + 2\,e^- \underset{Ox}{\overset{Red}{\rightleftharpoons}} Cu(s) \tag{12.16}$$

Tab. 12.3 Ausschnitt aus der Spannungsreihe

Oxid. Form/red. Form	Durchtrittsreaktion	E_{redox}^0 in V
Cl_2/Cl^-	$Cl_2(g) + 2\,e^- \rightleftharpoons 2\,Cl^-(aq)$	+1,36
$O_2, H^+/H_2O$	$O_2(g) + 4\,H^+(aq) + 4\,e^- \rightleftharpoons 2\,H_2O(l)$	+1,23
Ag^+/Ag	$Ag^+(aq) + e^- \rightleftharpoons Ag(s)$	+0,80
Cu^{2+}/Cu	$Cu^{2+}(aq) + 2\,e^- \rightleftharpoons Cu(s)$	+0,34
$AgCl/Ag, Cl^-$	$AgCl(s) + e^- \rightleftharpoons Ag(s) + Cl^-(aq)$	+0,22
H^+/H_2	$2\,H^+(aq) + 2\,e^- \rightleftharpoons H_2(g)$	0,00
Fe^{2+}/Fe	$Fe^{2+}(aq) + 2\,e^- \rightleftharpoons Fe(s)$	−0,44
Zn^{2+}/Zn	$Zn^{2+}(aq) + 2\,e^- \rightleftharpoons Zn(s)$	−0,76
Mg^{2+}/Mg	$Mg^{2+}(aq) + 2\,e^- \rightleftharpoons Mg(s)$	−2,36

In der Spannungsreihe finden wir das entsprechende Standardpotenzial $E^v_{Red/Ox}$. Im NERNST-Faktor steht hier die 2 als Anzahl der Elektronen ν_e.

Im Zähler des Argumentes des Logarithmus steht die Konzentration der oxidierten Spezies, also der Cu^{2+}-Ionen. Im Nenner steht die Konzentration der reduzierten Spezies, also des Kupfermetalls.

$$E_{Cu/Cu^{2+}} = E°_{Cu/Cu^2} + \frac{RT}{2F} ln \frac{[Cu^{2+}]}{[Cu]} \qquad (12.17)$$

Es gelten hier (genau wie z. B. auch bei der thermodynamischen Gleichgewichts-konstante) die Konzentrationskonventionen der Thermodynamik: Feste und flüssige Stoffe werden mit ihrem Molenbruch, gasförmige Stoffe mit ihrem Partialdruck in Bar und gelöste Stoffe werden mit ihrer Molarität berücksichtigt.

$$[Cu^{2+}] = \frac{c_{Cu^{2+}}}{mol/L} \qquad (12.18)$$

$$[O_2] = \frac{p_{O_2}}{bar} \qquad (12.19)$$

$$[Cu] = \frac{x_{Cu}}{mol/mol} \qquad (12.20)$$

(Für genaue Rechnungen müssen die entsprechenden Aktivitäten eingesetzt werden.)

Die Abhängigkeit des Potenzials von der Konzentration ist logarithmisch. Der NERNST-Faktor kombiniert mit einem Logarithmusargument von 10 ergibt den Wert

$$\frac{RT}{F} ln(10) \approx 59\,mV \qquad (12.21)$$

Dies bedeutet, dass sich bei der Kupferelektrode das Potenzial bei einer Verzehn-fachung der Kupferionen-Konzentration um $\frac{59\,mV}{2} \approx 30\,mV$ ändert.

Eine Kupferelektrode ist eine sog. **Elektrode erster Art** – das Elektroden-material selbst ist die reduzierte Spezies; es tritt nur eine Phasengrenze auf.

12.9   Wie beschreiben wir eine Gaselektrode?

Eine Gaselektrode ist etwas komplizierter aufgebaut als eine Elektrode erster Art. Hier liegen in der Regel drei Phasen vor (Elektrolyt, Gas, Metall); das Metall ist häufig ein Inertmetall wie Platin oder Graphit (Abb. 12.7).

Sauerstoffelektroden kommen z. B. in Zink-Luft-Batterien oder in Brennstoff-zellen vor.

$$\overset{Red}{4\,H^+(aq) + O_2(g) + 4e^- \underset{Ox}{\rightleftharpoons} 2H_2O(l)} \qquad (12.22)$$

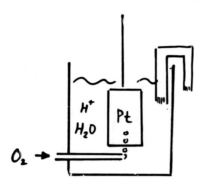

Abb. 12.7 Sauerstoffelektrode als Beispiel einer Gaselektrode

Die Durchtrittsreaktion entnehmen wir der Spannungsreihe; das Standardpotenzial von 1,23 V sagt uns, dass wir es hier mit einem sehr stark oxidierend wirkenden Redoxpaar zu tun haben.

$$E^o_{H_2O/O_2} = +1,23 \, \text{V} \tag{12.23}$$

In der NERNST'schen Gleichung berücksichtigen wir im NERNST-Faktor die vier ausgetauschten Elektronen. Im Argument des Logarithmus finden wir im Zähler die Protonenkonzentration zur 4. Potenz und die Sauerstoffkonzentration; im Nenner finden wir die Wasserkonzentration zum Quadrat.

$$E_{O_2/H^+} = E^o_{O_2/H^+} + \frac{R\,T}{4\,F} ln \frac{[H^+]^4 [O_2]}{[H_2O]^2} \tag{12.24}$$

Die Protonenkonzentration muss in mol/L angegeben werden; die Sauerstoffkonzentration in Bar. Für die Konzentration von Wasser müsste man den Molenbruch einsetzen, dieser kann jedoch in guter Näherung gleich eins gesetzt werden. Das Potenzial der Sauerstoffelektrode ist stark pH-abhängig. Bei einer pH-Änderung um eins ergibt sich eine Potenzialänderung von 59 mV.

12.10 Wie ermitteln wir Vorzeichen und Betrag der Leerlaufspannung („EMK")?

Wir können zwei beliebige Elektroden zu einer Batterie kombinieren; wir sprechen dann von **Galvani'schen Zellen** oder GALVANI'schen Elementen. Klassisch ist das **DANIELL-Element** aus einer Kupfer- und einer Zinkelektrode (Abb. 12.8).

Um die Spannung dieser Batterie (genauer: die **Leerlaufspannung oder EMK**) zu berechnen, müssen wir die Durchtrittsreaktionen beider Elektroden formulieren und mithilfe der NERNST'schen Gleichung deren Potenziale ermitteln.

Abb. 12.8 DANIELL-Element (GALVANI'sche Zelle aus einer Kupferelektrode und Zinkelektrode zur reversiblen Reduktion von Kupferionen mit Zink)

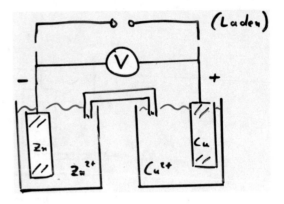

$$Zn^{2+} + 2\,e^- \leftarrow Zn \qquad (12.25)$$
$$Ox$$

$$Red$$
$$Cu^{2+} + 2\,e^- \rightarrow Cu \qquad (12.26)$$

Die Elektrode mit dem kleineren Potenzial ist die Anode, hier geschieht die Oxidation. Die Elektrode mit dem größeren Potenzial ist die Kathode, hier geschieht die Reduktion. Die Leerlaufspannung des GALVANI'schen Elementes errechnet sich als Differenz der Elektrodenpotenziale

$$\Delta E_{Galv} = E_{Cath} - E_{An} \qquad (12.27)$$

Für das klassische DANIELL-Element aus den beiden Elektroden im Standardzustand erhalten wir eine Leerlaufspannung von

$$\Delta E_{Galv} = (+0,34\ V) - (-0,76\ V) = 1,10\ V \qquad (12.28)$$

12.11 Wie unterscheiden sich eine spontane Redoxreaktion von einer Galvani'schen Zelle?

In jeder Batterie läuft eine Redoxreaktion ab, welche sich durch einfache Kombination der Durchtrittsreaktionen erhalten lässt. Im DANIELL-Element ist dies einfach die Reduktion von Kupferionen durch Zink:

$$Cu^{2+}(aq) + Zn(s) \rightarrow Zn^{2+}(aq) + Cu(s) \qquad (12.29)$$

Wenn wir Zink und Kupferionen ohne GALVANI'sche Zelle kombinieren, läuft diese Redoxreaktion ebenfalls ab („spontane Redoxreaktion"), allerdings können wir dann keinen Strom aus der Reaktion gewinnen.

Die Wärme, die bei der spontanen Redoxreaktion frei wird, entspricht der Reaktionsenthalpie $\Delta_r H$

$$q_{p,spon.} = \Delta_r H \qquad (12.30)$$

beim DANIELL-Prozess sind dies (wie wir z. B. aus thermodynamischen Tabellen errechnen können)

$$\Delta_r H = -217 \frac{kJ}{mol} \tag{12.31}$$

[Nutz-]Arbeit wird, wie bei jeder spontanen Reaktion, nicht umgesetzt.

$$w_{p,spon.} = 0 \tag{12.32}$$

Läuft die gleiche Reaktion in einem GALVANI'schen DANIELL-Element ab, so sind Oxidation und Reduktion räumlich getrennt. Elektronen müssen fließen und es kann eine elektrische Arbeit gewonnen werden, im Idealfall erhalten wir die maximale – die reversible – elektrische Arbeit, diese entspricht der freien Enthalpie

$$w_{el.rev.} = \Delta_r G \tag{12.33}$$

beim DANIELL-Prozess sind dies (wie wir z. B. aus thermodynamischen Tabellen errechnen können)

$$\Delta_r G = -212 \frac{kJ}{mol} \tag{12.34}$$

Die reversible Reaktionswärme kann aus der Reaktionsentropie berechnet werden.

$$q_{p,rev.} = T \cdot \Delta_r S \tag{12.35}$$

Die reversible Reaktion ist (im Gegensatz zur spontanen Redoxreaktion) nur schwach exotherm.

$$T \Delta_r S = -6 \frac{kJ}{mol} \tag{12.36}$$

Den Quotienten aus Freier Enthalpie und Enthalpie nennen wir **Wirkungsgrad des GALVANI'schen Elementes.**

$$\eta = \frac{\Delta_r G}{\Delta_r H} \tag{12.37}$$

$$\eta = \frac{-212 \, kJ/mol}{-217 \, kJ/mol} = 0,98 \tag{12.38}$$

Während bei spontaner Führung die gesamte Enthalpie als Wärme frei wird, können wir einen sehr großen Bruchteil dieser Enthalpie bei reversibler Führung als Arbeit gewinnen.

Hier liegt der große Vorteil der Verwendung von reversiblen chemischen Reaktionen (Batterien) im Vergleich zu spontanen chemischen Reaktionen (Verbrennung) zur Gewinnung von Nutzarbeit.

Die bei spontanen Prozessen erhaltene Wärme kann nur mit einem relativ kleinen Wirkungsgrad (ca. 30 %; siehe CARNOT-Prozess) in Arbeit umgewandelt werden.

Demgegenüber ist der Wirkungsgrad von GALVANI'schen Elementen in der
Größenordnung von 90 % und höher.

12.12 Wie groß ist der Potenzialsprung an einer semipermeablen Membran?

Die Kombination von Metall und Elektrolyt führt also zu einem Elektrodenpotenzial. Auch die Kombination von zwei Elektrolyten kann zu einem Potenzial
führen.

Abb. 12.9 zeigt zwei Lösungen mit unterschiedlichen pH-Werten, die durch
eine Membran getrennt sind. Die Membran ist durchlässig für Protonen. Protonen
diffundieren nun aus der konzentrierteren Lösung durch die Membran in die ver-
dünntere Lösung und laden diese Seite positiv auf.

Die Theorie liefert für das **Membranpotenzial** eine ähnliche Gleichung wie
die NERNST'sche Gleichung.

$$\Delta_{Mem}\varphi = \varphi(II) - \varphi(I) = -\frac{RT}{z_i\,F}ln\frac{[i]^{II}}{[i]^{I}} \tag{12.39}$$

Membranpotenziale sind die Grundlage für die elektrochemische Messung, beispielsweise von pH-Werten.

Weiterhin spielen Membranpotenziale für die Leitung von Nervenimpulsen
eine wichtige Rolle.

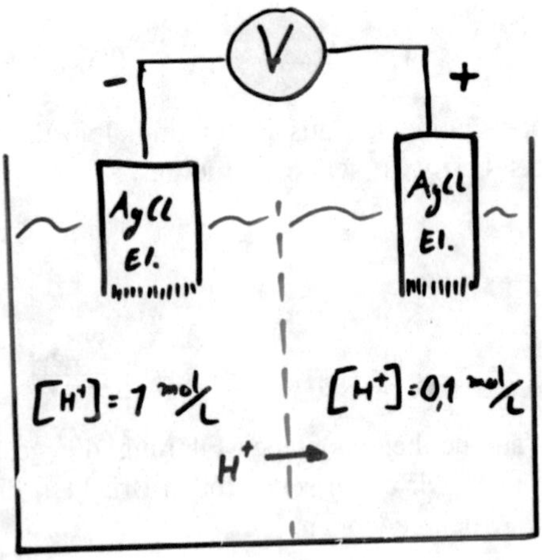

Abb. 12.9 Potenzial an einer
semipermeablen Membran
zwischen zwei Lösungen mit
unterschiedlichem pH-Wert

12.13 Zusammenfassung

Die Kombination eines Elektronenleiters mit einem Ionenleiter führt zu einer Elektrode. Eine Elektrode wird beschrieben durch die Durchtrittsreaktion

$$v_{Ox}[Ox] + v_e\, e^- \overset{i_{cath}}{\underset{i_{an}}{\rightleftharpoons}} v_{Red}\left[Red\right] \tag{12.40}$$

und durch das Elektrodenpotenzial.

Das Elektrodenpotenzial ist konzentrationsabhängig. Die Abhängigkeit wird nach NERNST beschrieben.

$$E_{red/ox} = E^o_{red/ox} + \frac{R\,T}{v_e\,F}ln\,\frac{[Ox]^{v_{Ox}}}{\left[Red\right]^{v_{Red}}} \tag{12.41}$$

Die umgesetzte Stoffmenge an einer Elektrode wird durch das FARADAY'sche Gesetz der Elektrolyse beschrieben.

$$n = \frac{m}{M} = \frac{I\cdot t}{v_e F} \tag{12.42}$$

Wir können Elektroden zu GALVANI'schen Elementen kombinieren. Die Leerlaufspannung oder EMK dieser GALVANI'schen Elemente ergibt sich als Differenz der Elektrodenpotenziale.

$$\Delta E_{Galv} = E_{Cath} - E_{An} \tag{12.43}$$

12.14 Testfragen

1. Markieren Sie die korrekte(n) Aussage(n).
   a. Die Anode ist immer der negative Pol.
   b. An der Kathode findet die Reduktion statt.
   c. Die Kathode besitzt immer das positivere Potenzial.
   d. Bei der Elektrolyse ist die Kathode der Pluspol.
   e. In einer GALVANI'schen Zelle ist die Anode der Minuspol.
2. Ermitteln Sie die Leerlaufspannung einer GALVANI'schen Zelle aus einer Eisen-elektrode $\left(E°_{Fe/Fe^{2+}} = -0,44\,V\right)$ und einer Silberelektrode $\left(E°_{Ag/Ag^+} = 0,80\,V\right)$ bei Standardbedingungen.
   a. 1,24 V
   b. 0,36 V
   c. 0,62 V
3. Drei Lösungen (Kupfersulfat, Silbernitrat, Nickelchlorid) werden in einer Reihenschaltung gleichzeitig elektrolysiert (Abb. 12.10). Markieren Sie die korrekte(n) Aussage(n).
   a. Die Stromstärke in allen drei Lösungen ist identisch.
   b. Die Spannung an allen drei Lösungen ist identisch.
   c. Die abgeschiedene Stoffmenge Silber ist doppelt so hoch wie die abgeschiedene Stoffmenge Kupfer.

Abb. 12.10 Drei
Elektrolysen in
Reihenschaltung

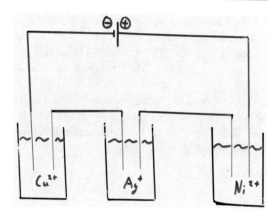

12.15 Übungsaufgaben

1. In einer Zink-Kohle-Batterie besteht die Anode aus 2,81 g Zink. Die Spannung, welche die Batterie liefert, betrage im Mittel 0,99 V.
   a) Welche Ladungsmenge kann die Batterie maximal abgeben?
   b) Welche elektrische Energie kann die Batterie maximal abgeben?
2. Ein Mol Wasserstoff wird bei 298 K in einer ideal arbeitenden Brennstoffzelle (PEMFC) zu flüssigem Wasser umgesetzt.
   a) Berechnen Sie den (idealen) Wirkungsgrad η (= $\Delta G/\Delta H$) dieser Brennstoffzelle.
   b) Wie viel elektrische Energie w_{el} und wie viel Wärme q werden abgegeben?

3. Eine semipermeable Zellmembran (durchlässig für Kaliumionen, undurchlässig für alle anderen Ionen, d. h. $t^+ = 1$) trennt zwei Lösungen der Kaliumkonzentrationen 155 mmol/L (Zellinneres) und 4 mmol/L (Zelläußeres). Berechnen Sie das Membranpotenzial $\Delta_{Mem}\varphi$ zwischen den Lösungen bei 37 °C.

4. Eine Sauerstoffelektrode (pH = 7, $p(O_2) = 100$ kPa) und eine Silberelektrode ($c(Ag^+) = 1,00 \cdot 10^{-4}$ mol/L) werden bei 298 K zusammengeschaltet.

   a) Berechnen Sie die Leerlaufspannung ΔE dieser GALVANI'schen Zelle.

   b) Welche Elektrode ist die Anode; welche Elektrode ist der +-Pol der Zelle?

Serviceteil (Anhang)

13.1 Lösungen der Tests und Übungsaufgaben

(Siehe Abb. 13.1)

Abb. 13.1 Lösungen der Tests und Übungsaufgaben

J. „SciFox" Lauth, *Physikalische Chemie kompakt,*
https://doi.org/10.1007/978-3-662-64588-8_13

Kapitel 1 „Zustandsänderungen"
Lösungen zu den Testfragen

1. 0 Freiheitsgrade
2. $w > 0$; $q < 0$
3. $w < 0$; $q > 0$
4. b und d
5. $w > 0$; $q < 0$

Lösungen zu den Übungsaufgaben

1. $q_{sensibel,\,Eis} = c_p(s) \cdot m \cdot \left(T_f - T_i\right) = 2{,}03 \dfrac{kJ}{kg\ K} 0{,}018\ kg\ (25\ K) = \mathbf{0{,}914\ kJ}$

$q_{sensibel,\,Wasser} = c_p(l) \cdot m \cdot \left(T_f - T_i\right) = 4{,}18 \dfrac{kJ}{kg\ K} 0{,}018\ kg\ (100\ K) = \mathbf{7{,}52\ kJ}$

$q_{sensibel,\,Wasserdampf} = 1{,}84 \dfrac{kJ}{kg\ K} 0{,}018\ kg\ (25\ K) = \mathbf{0{,}828\ kJ}$

$q_{latent,\,Schmelzen} = \Delta_{fus}H \cdot n = 6{,}01 \dfrac{kJ}{mol} \cdot 1{,}00\ mol = \mathbf{6{,}01\ kJ}$

$q_{latent,\,Verdampfen} = \Delta_{vap}H \cdot n = 40{,}67 \dfrac{kJ}{mol} \cdot 1{,}00\ mol = \mathbf{40{,}7\ kJ}$

$q_{total} = \sum q_{sensibel} + q_{latent} = \mathbf{56{,}0\ kJ}$

2. $q_{Polystyrol} = c_p(P) \cdot m(P) \cdot \left(T_{eq} - T_i(P)\right) = 2{,}3 \dfrac{kJ}{°C} \left(T_{eq} - 50{,}0\ °C\right)$

$q_{Wasser} = c_p(W) \cdot m(W) \cdot \left(T_{eq} - T_i(W)\right) = 41{,}8 \dfrac{kJ}{°C} \left(T_{eq} - 20{,}0\ °C\right)$

$q_{Wasser} = -q_{Polystyrol} \text{(Grundgleichung der Kalorimetrie)}$

$2{,}3 \dfrac{kJ}{°C} \left(T_{eq} - 50{,}0\ °C\right) = -41{,}8 \dfrac{kJ}{°C} \left(T_{eq} - 20{,}0\ °C\right)$

$T_{eq} = \dfrac{115\ kJ + 836\ kJ}{41{,}8 \frac{kJ}{°C} + 2{,}3 \frac{kJ}{°C}} = \mathbf{21{,}56\,°C}$

$q_{Wasser} = 41{,}8 \dfrac{kJ}{°C} (21{,}56 - 20{,}0\,°C) = \mathbf{65{,}4\ kJ}$

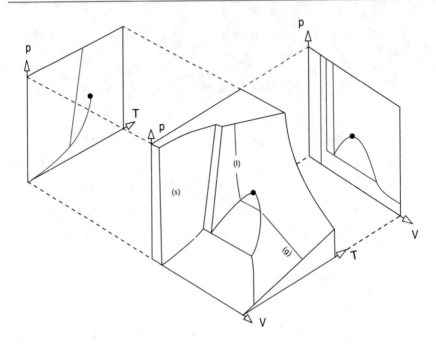

Abb. 13.2 Phasendiagramm eines reinen Stoffes mit Isotherme unterhalb der kritischen Temperatur

3.   Wir bewegen uns vom Standardzustand ausgehend isotherm zu kleineren Volumina und zu größeren Drücken. Die Isotherme hat zwei „Knicke", zwei Unstetigkeiten, jeweils an den Schnittpunkten der Isotherme mit den Binodalen. Innerhalb der Zweiphasenzone verläuft die Isotherme horizontal, das bedeutet, die Kompression ist hier nicht nur isotherm, sie ist auch isobar. Der isobare isotherme Abschnitt im Zweiphasengebiet heißt Konode (Verbindungslinie zwischen zwei Phasen im Gleichgewicht) (Abb. 13.2).

Kapitel 2 „Gase"

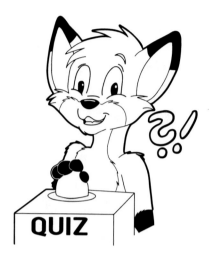

Lösungen zu den Testfragen

1. 0,5 L
2. Dichte $= 1,3$ g/L; Volumen $= 22,4$ L
3. Ar und O_2 besitzen die gleiche mittlere Energie; Ar ist (im Mittel) am langsamsten.
4. Mittlere Geschwindigkeit $\sim 1\,375$ km/h; mittlere freie Weglänge $\sim 0,075$ µm
5. Die Oberflächenspannung ist null; die Verdampfungswärme ist null
6. Linke Kurve (rot) entspricht Stickstoff (N_2); rechte Kurve (grün) entspricht Helium (He).

Lösungen zu den Übungsaufgaben

1.
$$n = \frac{pV}{RT} = \frac{0{,}500 \cdot 2340\ \text{Pa} \cdot 1000\ \text{m}^3}{8{,}314\frac{\text{Pa m}^3}{\text{K mol}} \cdot 293\ \text{K}} = 480\ \text{mol}$$

$$m = n\,M = 480\ \text{mol} \cdot 18\frac{\text{g}}{\text{mol}} = 8{,}65\ \text{kg}$$

2.
$$n = \frac{pV}{RT} = \frac{123\ \text{kPa} \cdot 2{,}00\ \text{L}}{8{,}314\frac{\text{kPa L}}{\text{K mol}} \cdot 291\ \text{K}} = 101{,}7\ \text{mmol}$$

$$\overline{V} = \frac{V}{n} = \frac{RT}{p} = \frac{8{,}314\frac{\text{kPa L}}{\text{K mol}} \cdot 291\text{K}}{123\ \text{kPa}} = 19{,}7\frac{\text{L}}{\text{mol}}$$

$$M = \frac{m}{n} = \frac{6{,}00\ \text{g}}{0{,}1017\ \text{mol}} = 59{,}0\frac{\text{g}}{\text{mol}}$$

Kapitel 3 „Physikalische Gleichgewichte"

Lösungen zu den Testfragen

1. a, b und c
2. a, c und d
3. a: am Ort der größten Steigung
   b: am Ort der größten Krümmung

Lösungen zu den Übungsaufgaben

1.
$$\frac{dq}{Adt} = -A\lambda\frac{dT}{dx}$$

$$\frac{dq}{dt} = -1{,}00 \text{ m}^2 \cdot 0{,}76\frac{\text{J}}{^\circ\text{C m s}}\ \frac{18{,}0\ ^\circ\text{C} - 20{,}0\ ^\circ\text{C}}{0{,}00400 \text{ m}} = 380\ \frac{\text{J}}{\text{s}} = \textbf{0{,}38 kW}$$

2.
$$\eta_{Carnot} = \frac{T_{high} - T_{low}}{T_{high}} = \frac{298 \text{ K} - 273 \text{ K}}{298 \text{ K}} = \textbf{0{,}0839(8{,}39\,\%)}$$

$$\eta_{Carnot} = -\frac{w_{rev}}{q_{high}}$$

$$w_{rev} = -\eta_{Carnot} \cdot q_{high} = -0{,}0839 \cdot (-500 \text{ kJ}) = \textbf{41{,}9 kJ}$$

3.
$$\eta_{Carnot} = \frac{T_{high} - T_{low}}{T_{high}} = \frac{773 \text{ K} - 373 \text{ K}}{773 \text{ K}} = \textbf{0{,}517\ (51{,}7\,\%)}$$

$$\eta = 0{,}80 \cdot \textbf{0{,}517} = \textbf{0{,}414(41{,}4\,\%)}$$

$$\eta = -\frac{w}{q_{high}}$$

$$q_{high} = -\frac{w}{\eta} = -\frac{(-50{,}0 \text{ MJ})}{0{,}414} = \textbf{121 MJ}$$

$$q_{high} + q_{low} + w = 0$$

$$q_{low} = -q_{high} - w = -(121 \text{ MJ}) - (-50{,}0 \text{ MJ}) = \textbf{-71 MJ}$$

Kapitel 4 „Affinität"

Lösungen zu den Testfragen

1. b und e
2. b, e und f
3. a: Enthalpie nimmt zu, Entropie nimmt zu
   b: Enthalpie nimmt zu, Entropie nimmt zu
   c: Enthalpie bleibt gleich, Entropie nimmt zu
   d: Enthalpie nimmt ab, Entropie nimmt ab

Lösungen zu den Übungsaufgaben

1.
$$\Delta_r H° = \Delta_f H°(products) - \Delta_f H°(reactants)$$

$$\Delta_r H° = \Delta_f H°(Ca(OH)_2) - (\Delta_f H°(CaO) + \Delta_f H°(H_2O(l))$$

$$\Delta_r H° = \left(-986\frac{kJ}{mol}\right) - \left(-635{,}1\frac{kJ}{mol}\right) + \left(-285{,}84\frac{kJ}{mol}\right) = -66\frac{kJ}{mol}$$

2.
$$\Delta_r H° = \Delta_f H°(products) - \Delta_f H°(reactants)$$

$$\Delta_r H° = \left(4 \cdot \Delta_f H°(H_2O(g)) + 2 \cdot \Delta_f H°(N_2) + \Delta_f H°(O_2)\right) - (2 \cdot \Delta_f H°(NH_4NO_3))$$

$$\Delta_r H° = \left(4 \cdot \left(-241{,}83\frac{kJ}{mol}\right) + 2 \cdot 0 + 0\right) - 2 \cdot \left(-365{,}6\frac{kJ}{mol}\right) = -236{,}1\frac{kJ}{mol}$$

$$\Delta_r S° = \Delta_f S°(products) - \Delta_f S°(reactants)$$

$$\Delta_r H° = (4 \cdot S°(H_2O(g)) + 2 \cdot S°(N_2) + S°(O_2)) - (2 \cdot S°(NH_4NO_3))$$

$$\Delta_r H° = \left(4 \cdot \left(188{,}72\frac{J}{mol}\right) + 2 \cdot 191{,}5\frac{J}{molK} + 205\frac{J}{molK}\right) - 2 \cdot \left(-151\frac{J}{molK}\right)$$
$$= 1040{,}88\frac{J}{molK}$$

$$\Delta_r G° = \Delta_r H° - T\Delta_r S°$$

$$\Delta_r G° = \left(-236{,}1\frac{kJ}{mol}\right) - 371{,}95K\left(+1040{,}88\frac{J}{molK}\right) = -623{,}28\frac{kJ}{mol}$$

$$n = \frac{m}{M} = \frac{1510\text{ g}}{80{,}04\frac{g}{mol}} = 18{,}87 \text{ mol } NH_4NO_3 = 9{,}43 \text{ mol Formelumsatz}$$

$$q = n \cdot \Delta_r H° = 9{,}43 \text{ } mol \cdot \left(-236{,}1\frac{kJ}{mol}\right) = -2227 \text{ kJ} = -2{,}227 \text{ MJ}$$

3.
$$2 H_3C - CH_3 + 7 O = O \rightarrow 4 O = C = O + 6 H - O - H$$

$$\Delta_r H° \approx \sum \langle H_{bond}\rangle(products) - \sum \langle H_{bond}\rangle(reactants)$$

$$\Delta_r H° \approx (8 \cdot \langle H_{bond}\rangle(C = O) + 12 \cdot \langle H_{bond}\rangle(O - H))$$
$$- (2 \cdot \langle H_{bond}\rangle(C - C) + 12 \cdot \langle H_{bond}\rangle(C - H) + 7 \cdot \langle H_{bond}\rangle(O = O))$$

$$\Delta_r H° \approx \left(8 \cdot \left(-799\frac{kJ}{mol} \right) + 12 \cdot \left(-463\frac{kJ}{mol} \right) \right)$$

$$-\left(2 \cdot \left(-346\frac{kJ}{mol} \right) + 12 \cdot \left(-413\frac{kJ}{mol} \right) + 7 \cdot \left(-498\frac{kJ}{mol} \right) \right) = -2814\frac{kJ}{mol}$$

$$n = \frac{m}{M} = \frac{1000 \text{ g}}{30{,}07\frac{g}{mol}} = 33{,}26 \text{ mol } C_2H_6 = 16{,}63 \text{ mol Formelumsatz}$$

$$q = n \cdot \Delta_r H° \approx 16{,}63 \text{ } mol \cdot \left(-2814\frac{kJ}{mol} \right) \approx -47 \text{ MJ}$$

Kapitel 5 „Chemische Gleichgewichte"

Lösungen zu den Testfragen

1. a und b
2. a: hohe Temperatur, niedriger Druck
   b: niedrige Temperatur, hoher Druck
   c: niedrige Temperatur, hoher Druck
3. c
4. c

Lösungen zu den Übungsaufgaben

1.   a
$$\Delta_r H° = \Delta_f H°(products) - \Delta_f H°(reactants)$$

$$\Delta_r H° = \left(\Delta_f H°(CO_2) + \Delta_f H°(H_2)\right) - \left(\Delta_f H°(CO) + \Delta_f H°(H_2O(g))\right)$$

$$\Delta_r \boldsymbol{H}° = \left(\left(-393{,}77\frac{kJ}{mol}\right) + 0\frac{kJ}{mol}\right) - \left(\left(-137{,}2\frac{kJ}{mol}\right) + \left(-241{,}83\frac{kJ}{mol}\right)\right)$$
$$= -\boldsymbol{41{,}32}\frac{\boldsymbol{kJ}}{\boldsymbol{mol}}$$

b
$$\Delta_r G° = \Delta_f G°(Products) - \Delta_f G°(Reactants)$$

$$\Delta_r G° = \left(\Delta_f G°(CO_2) + \Delta_f G°(H_2)\right) - \left(\Delta_f G°(CO) + \Delta_f G°(H_2O(g))\right)$$

$$\Delta_r \boldsymbol{G}° = \left(\left(-394{,}4\frac{kJ}{mol}\right) + 0\frac{kJ}{mol}\right) - \left(\left(-110{,}62\frac{kJ}{mol}\right) + \left(-228{,}6\frac{kJ}{mol}\right)\right)$$
$$= -\boldsymbol{28{,}6}\frac{\boldsymbol{kJ}}{\boldsymbol{mol}}$$

2.
$$\Delta_r H° = \Delta_f H°(products) - \Delta_f H°(reactants)$$

$$\Delta_r H° = \left(\Delta_f H°(CO_2) + \Delta_f H°(CaO)\right) - \Delta_f H°(CaCO_3)$$

$$\Delta_r \boldsymbol{H}° = \left(\left(-393{,}77\frac{kJ}{mol}\right) + \left(-635{,}1\frac{kJ}{mol}\right)\right) - \left(-1212{,}0\frac{kJ}{mol}\right) = +\boldsymbol{183{,}1}\frac{\boldsymbol{kJ}}{\boldsymbol{mol}}$$

$$\Delta_r S° = S°(products) - S°(reactants)$$

$$\Delta_r S° = (S°(CO_2) + S°(CaO)) - S°(CaCO_3)$$

$$\Delta_r S° = \left(\left(213{,}86\frac{J}{molK}\right) + \left(39{,}7\frac{J}{molK}\right)\right) - \left(92{,}9\frac{J}{molK}\right) = \mathbf{+160{,}7\frac{J}{molK}}$$

$$T_{floor} = \frac{\Delta_r H}{\Delta_r S} = \frac{183100\frac{J}{mol}}{160{,}7\frac{J}{molK}} = \mathbf{1140\ K(867°C)}$$

3. $$\Delta_r G° = \Delta_f G°(products) - \Delta_f G°(reactants)$$

$$\Delta_r G° = \Delta_f G°(H_2O) - \left(\Delta_f G°\left(H^+\right) + \Delta_f G°\left(OH^-\right)\right)$$

$$oder \quad \Delta_r G° = \mu°(H_2O) - \left(\mu°\left(H^+\right) + \mu°\left(OH^-\right)\right)$$

$$\Delta_r G° = \left(-237{,}1\frac{kJ}{mol}\right) - \left(\left(0\frac{kJ}{mol}\right) + \left(-157{,}2\frac{kJ}{mol}\right)\right) = \mathbf{-79{,}9\frac{kJ}{mol}}$$

oder:

$$\Delta_r H° = \Delta_f H°(products) - \Delta_f H°(reactants)$$

$$\Delta_r H° = \Delta_f H°(H_2O) - \left(\Delta_f H°\left(H^+\right) + \Delta_f H°\left(OH^-\right)\right)$$

$$\Delta_r H° = \left(-285{,}84\frac{kJ}{mol}\right) - \left(\left(0\frac{kJ}{mol}\right) + \left(-230\frac{kJ}{mol}\right)\right) = \mathbf{-56\frac{kJ}{mol}}$$

$$\Delta_r S° = S°(products) - S°(reactants)$$

$$\Delta_r S° = S°(H_2O) - \left(S°\left(H^+\right) + S°\left(OH^-\right)\right)$$

$$\Delta_r S° = \left(69{,}9\frac{J}{molK}\right) - \left(\left(0\frac{J}{molK}\right) + \left(-10{,}8\frac{J}{molK}\right)\right) = \mathbf{+80{,}7\frac{J}{molK}}$$

$$\Delta_r G° = \Delta_r H° - T\Delta_r S°$$

$$\Delta_r G° = \left(-57\frac{kJ}{mol}\right) - 298{,}15K\left(+80{,}7\frac{J}{molK}\right) = \mathbf{-80\frac{kJ}{mol}}$$

4.
$$\Delta_r G^\circ = \Delta_f G^\circ(Products) - \Delta_f G^\circ(Reactants)$$

$$\Delta_r G^\circ = 2 \cdot \Delta_f G^\circ(CO) - \left(\Delta_f G^\circ(CO_2) + \Delta_f G^\circ(C(s, graphite))\right)$$

$$oder \quad \Delta_r G^\circ = 2 \cdot \mu^\circ(CO) - (\mu^\circ(CO_2) + \mu^\circ(C(s, graphite)))$$

$$\Delta_r G^\circ = 2 \cdot \left(-137{,}2\frac{kJ}{mol}\right) - \left(\left(-394{,}4\frac{kJ}{mol}\right) + \left(0\frac{kJ}{mol}\right)\right) = +120\frac{kJ}{mol}$$

bei 25 °C
oder:

$$\Delta_r H^\circ = \Delta_f H^\circ(products) - \Delta_f H^\circ(reactants)$$

$$\Delta_r H^\circ = 2 \cdot \Delta_f H^\circ(CO) - \left(\Delta_f H^\circ(CO_2) + \Delta_f H^\circ(C(s, graphite))\right)$$

$$\Delta_r H^\circ = 2 \cdot \left(-110{,}62\frac{kJ}{mol}\right) - \left(\left(-393{,}77\frac{kJ}{mol}\right) + \left(0\frac{kJ}{mol}\right)\right) = 172{,}53\frac{kJ}{mol}$$

$$\Delta_r S^\circ = S^\circ(products) - S^\circ(reactants)$$

$$\Delta_r S^\circ = 2 \cdot S^\circ(CO) - (S^\circ(CO_2) + S^\circ(C(s, graphite)))$$

$$\Delta_r S^\circ = 2 \cdot \left(198{,}12\frac{J}{molK}\right) - \left(\left(213{,}86\frac{J}{molK}\right) + \left(5{,}74\frac{J}{molK}\right)\right) = +176{,}64\frac{J}{molK}$$

$$\Delta_r G^\circ = \Delta_r H^\circ - T\Delta_r S^\circ$$

$$\Delta_r G^\circ = \left(-172{,}53\frac{kJ}{mol}\right) - 798{,}15K\left(+176{,}64\frac{J}{molK}\right) = +35{,}96\frac{kJ}{mol}$$

$$ln\{K_{eq}\} = -\frac{\Delta_r G^\circ}{RT} = -\frac{35960\frac{J}{mol\,K}}{8{,}314\frac{J}{mol\,K}\,773{,}15K} = -5{,}59$$

$$\{K_{eq}\} = e^{-5{,}59} = 0{,}0037$$

$$K_{eq} = \frac{[CO]_{eq}^2}{[CO_2]_{eq}[C]_{eq}}$$

$$[K_{eq}] = \frac{bar^2}{bar \cdot \frac{mol}{mol}} = bar$$

$$K_{eq} = 0{,}0037 \text{ bar}$$

Kapitel 6 „Dampfdruck"

Lösungen zu den Testfragen

1. a: Dampfdruck steigt.
   b: Dampfdruck bleibt konstant.
   c: Dampfdruck erhöht sich ganz leicht.
   d: Dampfdruck nimmt ab.
2. d
3. a und b

Lösungen zu den Übungsaufgaben

1.
$$\frac{p_{O_2}}{x_{O_2}} = K_{Henry}$$

$$x_{O_2} = \frac{p_{O_2}}{K_{Henry}} = \frac{21 \text{ kPa}}{4,6 \text{ GPa}} = 4,6 \cdot 10^{-6} \frac{\text{mol}}{\text{mol}} (= 4,6 \text{ mol} - \text{ppm})$$

$$x_{O_2} = \frac{n_{O_2}}{n_{O_2} + n_{H_2O}} \approx \frac{n_{O_2}}{n_{H_2O}}$$

$$n_{H_2O} = \frac{m}{M} = \frac{1000 \text{ g}}{18 \frac{\text{g}}{\text{mol}}} = 56 \text{ mol}$$

$$n_{O_2} = n_{H_2O} \cdot x_{O_2} = 4,6 \cdot 10^{-6} \frac{\text{mol}}{\text{mol}} \cdot 56 \text{ mol} = \mathbf{0{,}25 \text{ mmol}} (\text{ca. } 5{,}7 \text{ mL @STP})$$

2.
$$log_{10}(p \text{ in kPa}) = A - \frac{B}{C + (T \text{ in } °C)}$$

	A	B	C
CH_3COCH_3	6,24.204	1210,595	229,664

$$log_{10}(72) = 6{,}24204 - \frac{1210{,}595}{229{,}664 °C + T}$$

$$T = \mathbf{46{,}4 \text{ °C}}$$

3.
$$log_{10}(p \text{ in kPa}) = A - \frac{B}{C + (T \text{ in } °C)}$$

	A	B	C
C_2H_5OH	7,2371	1592,864	226,184

$$log_{10}(50) = 7{,}2371 - \frac{1592{,}864}{226{,}184 °C + T}$$

$$T = \mathbf{61{,}4 °C}$$

4.
$$ln\left(\frac{p_2^*}{p_1^*}\right) = -\frac{\Delta_{vap}H}{R}\left(\frac{1}{T_2} - \frac{1}{T_1}\right)$$

a.
$$ln\left(\frac{0{,}743 \text{ kPa}}{1{,}30 \text{ kPa}}\right) = -\frac{\Delta_{vap}H}{8{,}314 \frac{\text{J}}{\text{K mol}}}\left(\frac{1}{276{,}88 \text{ K}} - \frac{1}{283{,}74 \text{ K}}\right)$$

$$\Delta_{vap}H = 53,3\frac{\text{kJ}}{\text{mol}}$$

b.

$$ln\left(\frac{p_2^*}{p_1^*}\right) = -\frac{\Delta_{vap}H}{R}\left(\frac{1}{T_2} - \frac{1}{T_1}\right)$$

$$ln\left(\frac{100\ \text{kPa}}{1,30\ \text{kPa}}\right) = -\frac{53265\frac{\text{J}}{\text{mol}}}{8,314\frac{\text{J}}{\text{K mol}}}\left(\frac{1}{T} - \frac{1}{283,74\ \text{K}}\right)$$

$$T = \mathbf{351\ K(78\,{}^\circ C)}$$

5.

$$log_{10}(p\ in\ \text{kPa}) = A - \frac{B}{C + (T\ in\,{}^\circ C)}$$

	A	B	C
H_2O	7,19.621	1730,63	233,426

$$log_{10}(p\ ) = 7,19621 - \frac{1730,63}{233,426\,{}^\circ C + 100,0\,{}^\circ C}$$

$$p^*(100\,{}^\circ C) = 101,3\ \text{kP}$$

$$p_{H_2O} = \varphi \cdot p_{H_2O}^* = 0,200 \cdot 101,3\ \text{kPa} = \mathbf{20,3\ kPa}$$

$$log_{10}(20,3) = 7,19621 - \frac{1730,63}{233,426\,{}^\circ C + T}$$

$$T_{dew} = \mathbf{60,4\,{}^\circ C}$$

Kapitel 7 „Lösungen"

Lösungen zu den Testfragen

1. d: Niedrigster Siedepunkt
   b: Niedrigster Gefrierpunkt
2. b
3. b

Lösungen zu den Übungsaufgaben

1.
$$\gamma = \frac{m}{V} = \frac{3{,}50mg}{5{,}00\ mL} = 0{,}700\frac{g}{L}\left(700\frac{mg}{L}\right)$$

$$\Pi = c_B \cdot R \cdot T \cdot i$$

$$0{,}205\ \text{kPa} = c_B \cdot 8{,}314\frac{\text{kPaL}}{\text{molK}} \cdot 298\ \text{K} \cdot 1^{\circ}$$

$$c_B = 8{,}27 \cdot 10^{-5}\frac{mol}{L}\left(82{,}7\frac{\mu mol}{L}\right)$$

$$M = \frac{m}{n} = \frac{\gamma}{c} = \frac{0{,}700\frac{g}{L}}{8{,}27 \cdot 10^{-5}\frac{mol}{L}} = \mathbf{8460}\ \frac{\mathbf{g}}{\mathbf{mol}}$$

2.
$$\Pi = c_B \cdot R \cdot T \cdot i$$

$$780\ \text{kPa} = c_B \cdot 8{,}314\frac{\text{kPaL}}{\text{molK}} \cdot 310\ \text{K} \cdot 1$$

$$c_B = \mathbf{0{,}303}\frac{\mathbf{mol}}{\mathbf{L}}\left(303\frac{\text{mmol}}{L}\ \text{oder}\ 303\ \frac{\text{mosmol}}{L}\right)$$

3.
$$n_{Harnstoff} = \frac{m}{M} = \frac{60{,}9\ \text{g}}{60{,}06\frac{\text{g}}{\text{mol}}} = 1{,}014\ \text{mol}$$

$$b = \frac{n_{Harnstoff}}{m_{Wasser}} = \frac{1{,}014\ \text{mol}}{0{,}500\ \text{kg}} = 2{,}028\frac{\text{mol}}{\text{kg}}$$

$$m_{Lösung} = m_{Wasser} + m_{Harnstoff} = 0{,}5609\ kg$$

$$V_{Lösung} = \frac{m_{Lösung}}{\rho_{Lösung}} = \frac{0{,}5609\ kg}{1{,}000\ \frac{kg}{L}} = 0{,}5609\ L$$

$$c = \frac{n_{Harnstoff}}{V_{Lösung}} = \frac{1{,}014\ mol}{0{,}5609\ L} = 1{,}808\ \frac{mol}{L}$$

$$x_{Harnstoff} = \frac{n_{Harnstoff}}{n_{Harnstoff} + n_{Wasser}} = \frac{1{,}014\ mol}{1{,}014\ mol + 27{,}778\ mol} = 0{,}03522(3{,}5\ mol - \%)$$

$$\Delta_{fus}T = -k_{kr} \cdot b_B \cdot i$$

$$a : \Delta_{fus}T = -1{,}86\frac{K\ kg}{mol} \cdot 2{,}028\frac{mol}{kg} \cdot 1 = -3{,}77\ K$$

$$T_{fus} = \mathbf{-3{,}77\ °C}$$

$$b : \Pi = c_B \cdot R \cdot T \cdot i$$

$$\boldsymbol{\Pi} = 1{,}808\frac{mol}{L} \cdot 8{,}314\frac{kPa\ L}{mol\ K} \cdot 284{,}35\ K \cdot 1 = \mathbf{4{,}27\ MPa}$$

$$c : \Delta p = -x_{Harnstoff} \cdot p^* \cdot i$$

$$\Delta p = -0{,}03522\frac{mol}{mol} \cdot 101{,}325\ kPa \cdot 1 = -3{,}57\ kPa$$

$$\boldsymbol{p = 97{,}8\ kPa}$$

4.
$$n_{NaCl} = \frac{m}{M} = \frac{11{,}23\ g}{58{,}44\frac{g}{mol}} = 0{,}1922\ mol$$

$$a : c = \frac{n_{NaCl}}{V_{Lösung}} = \frac{0{,}1922\ mol}{1{,}00\ L} = \mathbf{0{,}192\frac{mol}{L}}\left(= 192\frac{mmol}{L}\right)$$

$$b : i \cdot c = 2 \cdot 0{,}192\frac{mol}{L} = \mathbf{0{,}384\frac{mol}{L}}\left(= 384\frac{mmol}{L} = 384\frac{mosmol}{L}\right)$$

$$\Pi = c_B \cdot R \cdot T \cdot i$$

$$c : \Pi = 0{,}192\frac{mol}{L} \cdot 8{,}314\frac{kPa\ L}{mol\ K} \cdot 307{,}45\ K \cdot 1 = \mathbf{982\ kPa}$$

Kapitel 8 „Phasendiagramme"

Lösungen zu den Testfragen

1. c
2. a, b, c und d
3. Eutektikum bei ca. −20 °C und 80 Mol-% Wasser, Peritektikum bei ca. 0 °C und 66 Mol-% Wasser (stöchiometrische Verbindung Halit)

Lösungen zu den Übungsaufgaben

1. a) Bei 632 K beginnt das Gemenge zu schmelzen; es entsteht die eutektische Schmelze (ca. 65 % LiCl).

b) Bei ca. 750 K beginnt die Schmelze zu erstarren; die entstehenden Kristalle sind (fast) reines KCl.

2. Das Dreikomponentensystem ist heterogen und besteht aus 11 kg organischer Phase (Toluol) und 9 kg wässriger Phase (Mischung aus 7 kg Wasser und 2 kg Essigsäure).

Kapitel 9 „Reaktionskinetik"

Lösungen zu den Testfragen (Tab. 13.1)

1. a und e
2. a: r° verdoppelt sich; $t_{1/2}^\circ$ bleibt konstant
   b: r° vervierfacht sich; $t_{1/2}^\circ$ halbiert sich
3. b und e

Tab. 13.1   Kinetik einfacher Reaktionen

Reaktion	Ordnung	Geschwindig-keitsgesetz	[k]	Integriertes Geschwindigkeits-gesetz	Halbwertszeit
$A \rightarrow P$	0	$r = k$	$\frac{mol}{Ls}$	$[A] = [A]_0 - kt$	$t_{1/2} = \frac{[A]_0}{2k}$
$A \rightarrow P$	1	$r = k[A]$	$\frac{1}{s}$	$[A] = [A]_0 \cdot e^{-kt}$	$t_{1/2} = \frac{ln(2)}{k}$
$A \rightarrow P$	2	$r = k[A]^2$	$\frac{L}{mols}$	$[A] = \frac{[A]_0}{1+k[A]_0 t}$	$t_{1/2} = \frac{1}{k[A]_0}$
$A + B \rightarrow P$	$2(1+1)$	$r = k[A][B]$	$\frac{L}{mols}$	$kt = \frac{1}{[B]_0-[A]_0} ln\left(\frac{[B][A]_0}{[A][B]_0}\right)$	je nach Stöchiometrie

Lösungen zu den Übungsaufgaben

1.

$$[A] = \frac{[A]_0}{1 + k[A]_0 t} = \frac{0,0500\frac{mol}{L}}{1 + 0,00985\frac{L}{mols}\, 0,0500\frac{mol}{L}\, 1800\ s} = 0,0265\frac{mol}{L}$$

$$\text{Umsatz} = \frac{[A]_0 - [A]}{[A]_0} \cdot 100\ \% = \frac{0,0500\frac{mol}{L} - 0,0265\frac{mol}{L}}{0,0500\frac{mol}{L}} = \mathbf{45{,}0\ \%}$$

$$t_{1/2} = \frac{1}{k[A]_0} = \frac{1}{0,00985\frac{L}{mol\ s}0,0500\frac{mol}{L}} = 2030\ s = \mathbf{33{,}8\ min}$$

$$r = k[A]^2 = r = 0,00985\frac{L}{mol\ s}\left[0,0500\frac{mol}{L}\right]^2 = 2,46 \cdot 10^{-5}\frac{mol}{L\ s} = \mathbf{88{,}7\frac{mmol}{L\ h}}$$

2.

$$\ln\left(\frac{k'(T_1)}{k(T_2)}\right) = -\frac{E_A}{R}\left(\frac{1}{T_1} - \frac{1}{T_2}\right)$$

$$E_A = -R\frac{\ln\left(\frac{k'(T_1)}{k(T_2)}\right)}{\left(\frac{1}{T_1} - \frac{1}{T_2}\right)} = -R\frac{\ln\left(\frac{t_{1/2}(T_2)}{t'_{1/2}(T_1)}\right)}{\left(\frac{1}{T_1} - \frac{1}{T_2}\right)}$$

$$E_A = -8,314\frac{J}{mol\ K} \cdot \frac{\ln\left(\frac{2,90\ min}{10,0\ min}\right)}{\left(\frac{1}{303,15\ K} - \frac{1}{323,15\ K}\right)} = \mathbf{50{,}4\frac{kJ}{mol}}$$

3. $a = 1; b = 0; k = 0,40\frac{1}{s}$

Kapitel 10 „Reaktionsmechanismus"

Lösungen zu den Testfragen

1. a und d
2. Folgereaktion: langsamster Teilschritt
   Parallelreaktion: schnellster Teilschritt
3. a, c und d
4. b und c

Lösungen zu den Übungsaufgaben

1.
$$\Delta_r H = \overrightarrow{E_A} - \overleftarrow{E_A} = 11{,}9\frac{kJ}{mol} - 19{,}4\frac{kJ}{mol} = -7{,}5\frac{\mathbf{kJ}}{\mathbf{mol}}$$

$$\ln\left(\frac{k'(T_1)}{k(T_2)}\right) = -\frac{E_A}{R}\left(\frac{1}{T_1} - \frac{1}{T_2}\right)$$

$$\ln\left(\frac{k'(313{,}7\ \text{K})}{k(297{,}2\ \text{K})}\right) = -\frac{11900\frac{J}{mol}}{8{,}314\frac{J}{mol\,K}}\left(\frac{1}{313{,}7\ \text{K}} - \frac{1}{297{,}2\ \text{K}}\right)$$

$$\ln\left(\frac{k'(313{,}7\ \text{K})}{11{,}9\frac{1}{h}}\right) = -\frac{11900\frac{J}{mol}}{8{,}314\frac{J}{mol\,K}}\left(\frac{1}{313{,}7\ \text{K}} - \frac{1}{297{,}2\ \text{K}}\right) = 0{,}253$$

$$k'(313{,}7\ \text{K}) = 11{,}9\frac{1}{h}\cdot e^{0{,}253} = \mathbf{15{,}3\frac{1}{h}}$$

2. a: kinetisches Produkt B: niedrige Temperatur, kurze Reaktionszeit, Katalysator
    b: thermodynamisches Produkt C: hohe Temperatur, lange Reaktionszeit

Kapitel 11 „Leitfähigkeit"

Lösungen zu den Testfragen

1. a>b>c>d>e>f
2. c
3. b, c und d

Lösungen zu den Übungsaufgaben

1.

$$E = \frac{U}{d} = \frac{60{,}8 \text{ V}}{0{,}248 \text{ m}} = \mathbf{245\,\frac{V}{m}}$$

$$\boldsymbol{LiCl \rightarrow Li^+ + Cl^-}$$

$$u_+ = \frac{\lambda_+}{F} = \frac{3{,}87\,\frac{\text{mS m}^2}{\text{mol}}}{96485\,\frac{\text{A s}}{\text{mol}}} = \mathbf{4{,}01 \cdot 10^{-8}\,\frac{m^2}{Vs}}$$

$$v_+ = u_+ \cdot E = 4{,}01 \cdot 10^{-8}\,\frac{\text{m}^2}{\text{Vs}} \cdot 245\,\frac{\text{V}}{\text{m}} = \mathbf{9{,}83 \cdot 10^{-6}\,\frac{m}{s}}\left(= 3{,}5\,\frac{\text{cm}}{\text{h}}\right)$$

$$t_+ = \frac{v_+\lambda_+}{v_+\lambda_+ + v_-\lambda_-} = \frac{1 \cdot 3{,}87\,\frac{\text{mS m}^2}{\text{mol}}}{1 \cdot 3{,}87\,\frac{\text{mS m}^2}{\text{mol}} + 1 \cdot 7{,}63\,\frac{\text{mS m}^2}{\text{mol}}} = \mathbf{0{,}337}(34\ \%)$$

2a.

$$\boldsymbol{H_2SO_4 \rightarrow 2\,H^+ + SO_4^{2-}}$$

$$c = \frac{n}{V} = \frac{1{,}00 \text{ mmol}}{1{,}00\text{L}} = 1{,}00 \cdot 10^{-3}\,\frac{\text{mol}}{\text{L}} = 1{,}00\,\frac{mol}{m^3}$$

$$\boldsymbol{\Lambda_\infty = v^+ \lambda_\infty^+ + v^- \lambda_\infty^-}$$

$$\Lambda_\infty = 2 \cdot 34{,}96\,\frac{\text{mS m}^2}{\text{mol}} + 1 \cdot 16{,}0\,\frac{\text{mS m}^2}{\text{mol}} = 85{,}92\,\frac{\text{mS m}^2}{\text{mol}}$$

$$\Lambda = \Lambda_\infty - K\sqrt{c} = 85{,}92\frac{\text{mS m}^2}{\text{mol}} - 364\frac{\text{mS m}^2}{\text{mol}\sqrt{\frac{\text{mol}}{\text{L}}}}\sqrt{0{,}001\frac{mol}{L}} = 74{,}42\frac{\text{mS m}^2}{\text{mol}}$$

$$\kappa = \Lambda \cdot c$$

$$\kappa = 74{,}42\frac{\text{mS m}^2}{\text{mol}} \cdot 1{,}00\frac{\text{mol}}{\text{m}^3} = \mathbf{74{,}4}\frac{\mathbf{mS}}{\mathbf{m}}\left(= 744\frac{\mu\,\text{S}}{\text{cm}}\right)$$

$$\left[H^+\right] = \alpha \cdot \nu_{H^+} \cdot c = 1 \cdot 2 \cdot 1{,}00 \cdot 10^{-3}\frac{\text{mol}}{\text{L}} = 2{,}00 \cdot 10^{-3}\frac{\text{mol}}{\text{L}}$$

$$pH = -log\left(\frac{\left[H^+\right]}{\text{mol/L}}\right) = -log(0{,}00200) = \mathbf{2{,}7}$$

2b.
$$\mathbf{HOAc \rightarrow H^+ + OAc^-}$$

$$c = \frac{n}{V} = \frac{1{,}00\ \text{mmol}}{1{,}00\ \text{L}} = 1{,}00 \cdot 10^{-3}\frac{\text{mol}}{\text{L}} = 1{,}00\frac{mol}{m^3}$$

$$\boldsymbol{\Lambda}_\infty = \boldsymbol{\nu}^+\boldsymbol{\lambda}^+_\infty + \boldsymbol{\nu}^-\boldsymbol{\lambda}^-_\infty$$

$$\Lambda_\infty = 1 \cdot 34{,}96\frac{\text{mS m}^2}{\text{mol}} + 1 \cdot 4{,}09\frac{\text{mS m}^2}{\text{mol}} = 39{,}05\frac{\text{mS m}^2}{\text{mol}}$$

$$\Lambda = \alpha\, \Lambda_\infty$$

$$\frac{\alpha^2}{1-\alpha}c = K_a$$

$$\frac{\alpha^2}{1-\alpha}1{,}00 \cdot 10^{-3}\frac{\text{mol}}{\text{L}} = 1{.}3 \cdot 10^{-5}\frac{\text{mol}}{\text{L}}$$

$$\alpha = 0{,}108\ (10{,}8\ \%)$$

$$\Lambda = \alpha\, \Lambda_\infty = 0{,}108 \cdot 39{,}05\frac{\text{mS m}^2}{\text{mol}} = 4{,}22\frac{\text{mS m}^2}{\text{mol}}$$

$$\kappa = \Lambda \cdot c$$

$$\kappa = 4{,}22\frac{\text{mS m}^2}{\text{mol}} \cdot 1{,}00\frac{\text{mol}}{\text{m}^3} = \mathbf{4{,}22}\frac{\mathbf{mS}}{\mathbf{m}}\left(= 42{,}2\frac{\mu\,\text{S}}{\text{cm}}\right)$$

$$[H^+] = \alpha \cdot \nu_{H^+} \cdot c = 0{,}108 \cdot 1 \cdot 1{,}00 \cdot 10^{-3} \frac{\text{mol}}{\text{L}} = 1{,}08 \cdot 10^{-4} \frac{\text{mol}}{\text{L}}$$

$$pH = -log\left(\frac{[H^+]}{\frac{\text{mol}}{\text{L}}}\right) = -log(0{,}000108) = \mathbf{3{,}97}$$

Kapitel 12 „Elektroden"

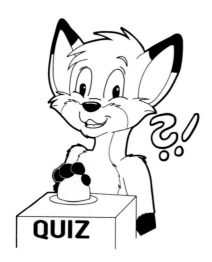

Lösungen zu den Testfragen

1. b, d und f
2. a
3. a und c

Lösungen zu den Übungsaufgaben

1.
$$Zn^{2+}(aq) + 2e^- \rightleftharpoons Zn(s)$$

$$n = \frac{2{,}81 \text{ g}}{65{,}38 \frac{\text{g}}{\text{mol}}} = 0{,}0430 \text{ mol}$$

$$I \cdot t = n \cdot v_e \cdot F = 0{,}0430 \text{ mol } \cdot 2 \cdot 96485 \frac{\text{As}}{\text{mol}} = \mathbf{8{,}29 \text{ kAs}} \text{ (2300 mAh)}$$

$$w_{el} = U \cdot I \cdot t = 0{,}99 \text{ V} \cdot 8294 \text{ A } s = \mathbf{8{,}21 \text{ kJ}} (8211 \text{ Ws} = 0{,}0022 \text{ kWh})$$

2.
$$H_2(g) + \frac{1}{2}O_2(g) \rightarrow H_2O(l)$$

$$\Delta_r H° = \Delta_f H°(H_2O(l)) - \left(\Delta_f H°(H_2(g)) + \frac{1}{2}\Delta_f H°(O_2(g))\right) = -285{,}8 \frac{\text{kJ}}{\text{mol}}$$

$$\Delta_r G° = \Delta_f G°(H_2O(l)) - \left(\Delta_f G°(H_2(g)) + \frac{1}{2}\Delta_f G°(O_2(g))\right) = -237{,}1 \frac{\text{kJ}}{\text{mol}}$$

$$\Delta_r S° = S°(H_2O(l)) - \left(S°(H_2(g)) + \frac{1}{2}S°(O_2(g))\right) = -163{,}3 \frac{\text{J}}{\text{Kmol}}$$

$$w_{el,\,rev} = n \cdot \Delta_r G° = 1 \text{ mol } \cdot \left(-237{,}1 \frac{\text{kJ}}{\text{mol}}\right) = \mathbf{-237{,}1 \text{ kJ}} (= -0{,}066 \text{ kWh})$$

$$q_{rev} = n \cdot T \cdot \Delta_r S° = 1 \text{ mol } \cdot 298 \text{ K} \cdot \left(-163{,}3 \frac{\text{kJ}}{\text{mol}}\right) = \mathbf{-48{,}7 \text{ kJ}} (= -0{,}014 \text{ kWh})$$

$$\eta = \frac{\Delta_r G°}{\Delta_r H°} = \frac{-237{,}1 \frac{\text{kJ}}{\text{mol}}}{-285{,}8 \frac{\text{kJ}}{\text{mol}}} = \mathbf{0{,}829} \text{ (83 \%)}$$

3.
$$\Delta_{Mem}\varphi = \varphi(II) - \varphi(I) = -\frac{RT}{z_i F} \ln \frac{[i]^{II}}{[i]^{I}}$$

$$\Delta_{Mem}\varphi = \frac{8{,}314 \frac{\text{VAs}}{\text{mol K}} \, 310 \text{ K}}{1 \; 96485 \frac{\text{As}}{\text{mol}}} \ln \left(\frac{155 \frac{\text{mmol}}{\text{L}}}{4{,}00 \frac{\text{mmol}}{\text{L}}}\right) = \mathbf{-0{,}098 \text{ V}} \; (-98 \; mV)$$

Zellinneres ist negativ geladen.

4.
$$4 \, H^+(aq) + 4 \, e^- + O_2(g) \overset{Red}{\underset{Ox}{\rightleftharpoons}} 2 \, H_2O \, (l)$$

$$E_{H_2O/O_2} = E^\circ_{H_2O/O_2} + \frac{RT}{4F} \ln \frac{[H^+]^4 \cdot [O_2]}{[H_2O]^2}$$

$$pH = 7 \Rightarrow [H^+] = 10^{-7} \left(\frac{mol}{L}\right)$$

$$p_{O_2} = 100 \; kPa \Rightarrow [O_2] = 1{,}00 (bar)$$

$$E_{H_2O/O_2} = 1{,}23 \; V + \frac{8{,}314\frac{J}{mol\,K} \cdot 298{,}15 \; K}{4 \cdot 96485\frac{As}{mol}} \ln \frac{\left(10^{-7}\right)^4 \cdot [1]}{[1]^2} = 0{,}82 \; V$$

$$Ag^+(aq) + e^- \underset{Ox}{\overset{Red}{\rightleftarrows}} Ag(s)$$

$$E_{Ag/Ag^+} = E^\circ_{Ag/Ag^+} + \frac{RT}{1F} \ln \frac{[Ag^+]}{[Ag]}$$

$$c_{Ag^+} = 10^{-4}\frac{mol}{L} \Rightarrow [Ag^+] = 10^{-4} \left(\frac{mol}{L}\right)$$

$$E_{Ag/Ag^+} = 0{,}80 \; V + \frac{8{,}314\frac{J}{molK} \cdot 298 \; K}{96485\frac{As}{mol}} \ln \frac{0{,}00100}{1} = 0{,}56 \; V$$

$$E_{H_2O/O_2} > E_{Ag/Ag^+}$$

$$E_{H_2O/O_2} : Kathode;\ Minuspol$$

$$E_{Ag/Ag^+} : Anode;\ Pluspol$$

$$\Delta E = E_{cathode} - E_{anode} = \boldsymbol{E_{H_2O/O_2} - E_{Ag/Ag^+}} = 0{,}82 \; V - 0{,}56 \; V = \boldsymbol{0{,}26 \; V}$$

13.2 Klassische Praktikumsversuche der Physikalischen Chemie

Die nachfolgenden Versuche sind seit vielen Jahrzehnten Standard in allen Grundpraktika der Physikalischen Chemie und eignen sich sehr gut zur Ergänzung der Workshops.

Detaillierte Versuchsanleitungen finden Sie im Multimedia-Praktikum (Abb. 13.3).

Abb. 13.3 Multimedia-Praktikum   PhysChemBasics[light]   (https://www.ili.fh-aachen.de/goto_elearning_grp_584340.html)

13.2.1 Die Leitfähigkeit starker und schwacher Elektrolyte

Theorie Informieren Sie sich (z. B. in Kap. 11) über die elektrische Leitfähigkeit von Elektrolyten.

Aufgabenstellung
- Messen Sie die Leitfähigkeit eines schwachen Elektrolyten (Essigsäure) und eines starken (NaCl) bei jeweils sechs verschiedenen Konzentrationen (Abb. 13.4).
- Tragen Sie die molaren Leitfähigkeiten beider Elektrolytlösungen gegen $\sqrt{c}$ auf und bestimmen Sie Λ_∞ (NaCl) grafisch.
- Tragen Sie $\frac{1}{\Lambda}$ gegen $(\Lambda \cdot c)$ auf und ermitteln Sie Λ_∞ und K_a für Essigsäure.

Fragen zur Vorbereitung
- Wie lauten die Einheiten der spezifischen Leitfähigkeit κ und der molaren Leitfähigkeit Λ?
- Die Grenzleitfähigkeit von Natriumacetat Λ_∞(NaOAc) beträgt bei 25 °C 9,09 mS m²/mol. Ermitteln Sie aus dieser Angabe und den Tabellenwerten von Essigsäure und Kochsalzlösung die Grenzleitfähigkeit von Salzsäure Λ_∞(HCl)
- Berechnen Sie die spezifische Leitfähigkeit κ(H_2O) von reinem Wasser bei pH 7.

Abb. 13.4 Apparatur zur konduktometrischen Messung an Elektrolyten (https://doi.org/10.5446/53400)

Auswertung

Starke Elektrolyte

Im Unterschied zu schwachen Elektrolyten liegen starke Elektrolyte in wässriger Lösung stets vollständig dissoziiert vor. Die Konzentrationsabhängigkeit der molaren Leitfähigkeit ist bei gegebener Temperatur durch das KOHLRAUSCH'sche Quadratwurzelgesetz gegeben

$$\Lambda = \Lambda_\infty - K_K \sqrt{c}$$

Λ_∞ wird als Grenzleitfähigkeit bezeichnet, sie entspricht der molaren Leitfähigkeit bei unendlicher Verdünnung ($c \rightarrow 0$, Abb. 13.5). Im Zustand unendlicher Verdünnung existieren keine Wechselwirkungen mehr zwischen den Ionen. Tragen wir Λ gegen $\sqrt{c}$ auf, so erhalten wir eine Gerade, deren Ordinatenabschnitt der Grenzleitfähigkeit Λ_∞ entspricht.

Schwache Elektrolyte

Nach dem Massenwirkungsgesetz gilt für die Dissoziationskonstante K von Essigsäure (HOAc), einem typischen schwachen Elektrolyten:

$$K_a = \frac{\left[H^+\right]_{eq} \cdot \left[CH_3COO^-\right]_{eq}}{\left[CH_3COOH\right]_{eq}}$$

Der Dissoziationsgrad α gibt den Anteil der dissoziierten Moleküle an. Mit der Einwaagekonzentration c für den schwachen Elektrolyten ergibt sich dann das OSTWALD'sche Verdünnungsgesetz:

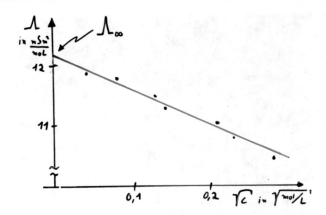

Abb. 13.5 Ermittlung der Grenzleitfähigkeit von Kochsalzlösung nach KOHLRAUSCH

$$K_a = \frac{\alpha^2}{1-\alpha} c$$

Bei unendlicher Verdünnung ist auch ein schwacher Elektrolyt vollständig dissoziiert, damit entspricht die Grenzleitfähigkeit Λ_∞ eines schwachen Elektrolyten dem Dissoziationsgrad $\alpha = 1$. Unter der Annahme, dass die starke Abnahme der molaren Leitfähigkeit schwacher Elektrolyte mit wachsender Konzentration ausschließlich auf der Abnahme des Dissoziationsgrades beruht, können wir formulieren:

$$\Lambda = \alpha \cdot \Lambda_\infty$$

Umformung ergibt:

$$\frac{1}{\Lambda} = \frac{1}{\Lambda_\infty} + \frac{1}{K_a(\Lambda_\infty)^2} \cdot \Lambda \, c$$

Diese Gleichung hat die Form einer Geradengleichung. Aus der Auftragung von $\frac{1}{\Lambda}$ gegen Λc können Λ_∞ und K ermittelt werden (Abb. 13.6).

13.2.2 Die Auflösungsgeschwindigkeit eines Gipskristalls

Theorie Informieren Sie sich über die Grundlagen der elektrischen Leitfähigkeit von Elektrolyten (Kap. 11) sowie über die Diffusion (Kap. 3).

Aufgabenstellung
- Bestimmen Sie durch Auftragung von $\ln\left(\frac{\kappa_\infty}{\kappa_\infty - \kappa}\right)$ gegen die Zeit t die Geschwindigkeitskonstante k der Auflösung von Gips ($CaSO_4$) in Wasser bei Raumtemperatur (Abb. 13.8).

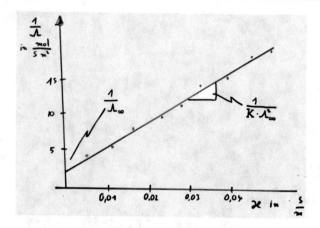

Abb. 13.6 Ermittlung der Grenzleitfähigkeit von Essigsäure nach OSTWALD

- Berechnen Sie nach NERNST-EINSTEIN den Diffusionskoeffizienten D für Ihre Messtemperatur.
- Berechnen Sie die mittlere Dicke δ der adhärierenden Schicht.

Fragen zur Vorbereitung
- Wie lauten die Einheiten der Diffusionskonstanten D und der Geschwindigkeitskonstanten k?
- Gips hat bei 20 °C ein Löslichkeitsprodukt von $5 \cdot 10^{-5} \left(\frac{mol}{L}\right)^2$. Wie hoch ist die Sättigungskonzentration von Gips? Berechnen Sie die spezifische Leitfähigkeit einer gesättigten Gipslösung bei 20 °C.
- Berechnen Sie die Diffusionskonstante D von $CaSO_4$ bei 20 °C.

Auswertung
Für den Auflösevorgang in einer Lösung mit dem Volumen V wird folgende Geschwindigkeitskonstante definiert:

$$k = \frac{D\,A}{\delta\,V}$$

Die Kombination dieser Gleichung mit dem FICK'schen Gesetz führt zu dem Geschwindigkeitsgesetz

$$\frac{dn}{V\,dt} = \frac{dc}{dt} = k(c_\infty - c)$$

Die Integration liefert

$$\ln\left(\frac{c_\infty - c}{c_\infty}\right) = -k\,t$$

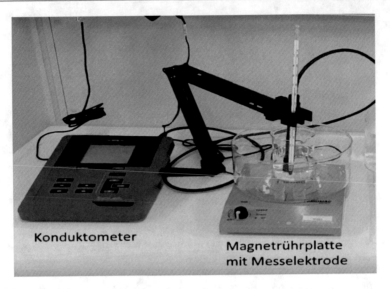

Abb. 13.7 Apparatur zur konduktometrischen Verfolgung der Kinetik der Auflösung eines Kristalls (https://doi.org/10.5446/53401)

Der Auflösungsvorgang lässt sich bei Salzen durch Messung der elektrischen Leitfähigkeit der Lösung verfolgen (Abb. 13.7). Bei hinreichend verdünnten Lösungen ist die spezifische Leitfähigkeit κ der Konzentration proportional, und wir erhalten

$$\ln \left(\frac{\kappa_\infty}{\kappa_\infty - \kappa} \right) = k\, t$$

13.2.3 Die Kinetik der Rohrzuckerinversion

Theorie Informieren Sie sich über die Grundlagen der Kinetik einfacher Reaktionen (Kap. 9).

Aufgabenstellung

- Ermitteln Sie die Geschwindigkeitskonstante für die säurekatalysierte Spaltung von Rohrzucker in Glucose und Fructose bei ca. 30 °C (Abb. 13.9). Zur Ermittlung der Geschwindigkeitskonstanten k tragen wir $\ln(\alpha - \alpha_\infty)$ auf der Ordinate und die dazugehörigen Zeiten t auf der Abszisse auf und bestimmen aus der Neigung dieser Geraden die Geschwindigkeitskonstante (Abb. 13.10).
- Tragen Sie Ihr Messwertepaar gemeinsam mit Literaturdaten in einer ARRHENIUS-Auftragung auf und bestimmen Sie die Aktivierungsenergie grafisch.

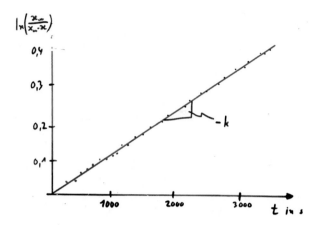

Abb. 13.8 Ermittlung der Geschwindigkeitskonstante der Auflösung eines Kristalls

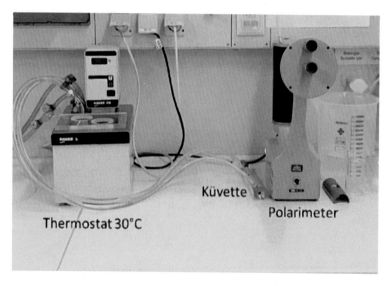

Abb. 13.9 Apparatur zur polarimetrischen Messung der Spaltung von Saccharose in Glucose und Fructose (https://doi.org/10.5446/53452)

Fragen zur Vorbereitung

- Wie lauten die Einheiten der Reaktionsgeschwindigkeit r und der Geschwindigkeitskonstanten k?
- Zeichnen Sie das Reaktionsprofil einer exothermen Reaktion. Kennzeichnen Sie die Aktivierungsenergie und die Reaktionsenthalpie im Diagramm.
- Berechnen Sie die Halbwertszeit der Spaltungsreaktion bei 70 °C.
- Bei einer Reaktion 1. Ordnung werden die Anfangskonzentrationen aller beteiligten Edukte verdoppelt. Wie ändern sich die Anfangs-Reaktionsgeschwindigkeit und die Halbwertszeit der Reaktion?

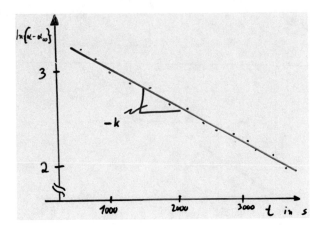

Abb. 13.10 Ermittlung der Geschwindigkeitskonstante der Rohrzuckerinversion

Auswertung

Der Verlauf der Zuckerinversion lässt sich gut verfolgen, da sowohl der Rohrzucker als auch die Invertzuckerlösung die Schwingungsebene polarisierten Lichts drehen. Das integrierte Geschwindigkeitsgesetz lässt sich demnach auch mit den Drehwinkeln formulieren.

$$\ln\left(\frac{\alpha_0 - \alpha_\infty}{\alpha - \alpha_\infty}\right) = k \cdot t$$

$$\ln\left(\alpha - \alpha_\infty\right) = \ln\left(\alpha_0 - \alpha_\infty\right) - k \cdot t$$

Zur Ermittlung der Aktivierungsenergie müssen wir die Geschwindigkeitskonstante bei mehreren Temperaturen messen. Anschließend können wir die Messungen grafisch auswerten (ARRHENIUS-Auftragung, Abb. 13.11).

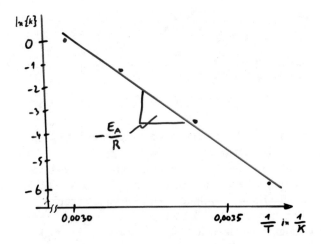

Abb. 13.11 Ermittlung der Aktivierungsenergie der Rohrzuckerinversion nach ARRHENIUS

13.2.4 Dampfdruckkurve und Verdampfungsenthalpie

Theorie Informieren Sie sich über die Grundlagen der Phasengleichgewichte (Kap. 6).

Aufgabenstellung
- Messen Sie den Dampfdruck einer organischen Flüssigkeit als Funktion der Temperatur (Abb. 13.12) und ermitteln hieraus grafisch die Verdampfungsenthalpie $\Delta_{vap}H^\circ$ (Abb. 13.13, 13.14).
- Schätzen Sie den Siedepunkt der Flüssigkeit bei 100 kPa ab.

Fragen zur Vorbereitung
- Erläutern Sie das Phasendiagramm eines reinen Stoffes (pT-Diagramm). Benennen Sie die Einphasengebiete im Diagramm.
- Eine Flüssigkeit mit der (konstanten) Verdampfungsenthalpie 40,0 kJ/mol siedet bei einem Druck von 100 kPa bei 100 °C. Ermitteln Sie den Siedepunkt der Flüssigkeit bei einem Druck von 1,00 MPa.

Auswertung
Bei diesem Versuch interessiert uns die Phasengrenzlinie Flüssigkeit/Gas, die Dampfdruckkurve.

Für die Flüssigkeit gilt die Clausius-Clapeyron'sche Gleichung.

$$\ln\left(\frac{p^{*\prime}}{p^*}\right) = -\frac{\Delta_{vap}H^\circ}{R}\left(\frac{1}{T'} - \frac{1}{T}\right)$$

Abb. 13.12 Apparatur zur Messung des Dampfdrucks von Methanol bei verschiedenen Temperaturen (https://doi.org/10.5446/53402)

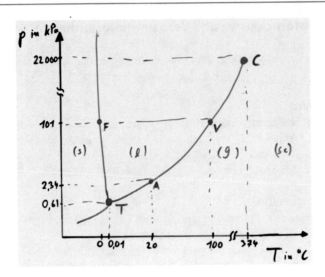

Abb. 13.13 Phasendiagramm von Wasser

Abb. 13.14 Experimentell
ermittelte Dampfdruckkurve
von Methanol

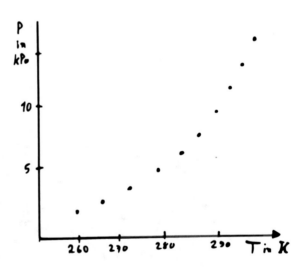

Aus der Steigung der Auftragung $\ln\left(\frac{p^*}{kPa}\right)$ gegen $\left(\frac{1}{T}\right)$ kann die mittlere molare Verdampfungsenthalpie berechnet werden (Abb. 13.15).

13.2.5 Bestimmung der Neutralisationsenthalpie

Theorie Informieren Sie sich über die Grundlagen der Thermochemie (Kap. 4).

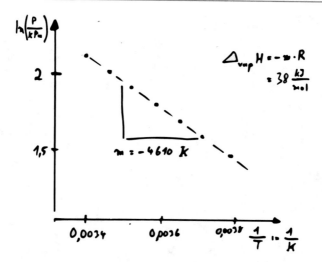

Abb. 13.15 Ermittlung der Verdampfungsenthalpie von Methanol nach CLAUSIUS-CLAPEYRON

Aufgabenstellung
- Bestimmen Sie die Kalorimeterkonstante des Messaufbaus.
- Bestimmen Sie die molare Verdünnungsenthalpie von Salzsäure
- Bestimmen Sie die molare Neutralisationsenthalpie von Natronlauge mit Salzsäure.
- Bestimmen Sie die molare Neutralisationsenthalpie von Ammoniaklösung mit Salzsäure.

Fragen zur Vorbereitung
- Welche Einheit hat die Kalorimeterkonstante?
- Berechnen Sie aus den tabellierten Standard-Bildungsenthalpien der Ionen H^+ und OH^- einen Wert für die Neutralisationsenthalpie.
- Eine Heizwendel (Leistung: 100 W) taucht in 1 L Wasser der Anfangstemperatur 20 °C. Durch die Wendel fließt 10 min lang Strom. Berechnen Sie die Wärme, welche die Heizwendel an das Wasser abgibt, und die Endtemperatur des Wassers.

Auswertung
Die Wärmekapazität der gesamten Versuchsanordnung C (Kalorimeterkonstante) wird experimentell bestimmt, indem wir anstelle des Reaktionsgemisches Wasser ins Kalorimeter füllen und dem System eine bekannte Wärmemenge (elektrische Heizung) zuführen und ΔT bestimmen (Abb. 13.16, 13.17). Dabei wird vorausgesetzt, dass zwischen reinem Wasser und verdünnten wässrigen Lösungen kein Unterschied in der Wärmekapazität besteht.

Von der gemessenen Enthalpieänderung der Reaktionen zwischen Laugen und Säuren müssen wir also die Verdünnungsenthalpie subtrahieren, um die eigentliche

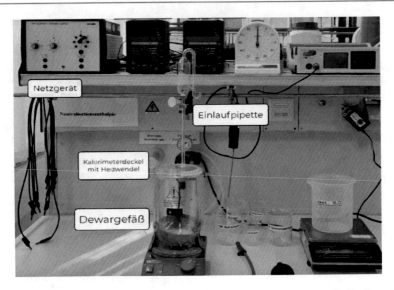

Abb. 13.16 Apparatur zur kalorimetrischen Ermittlung der Neutralisationsenthapie (https://doi.
org/10.5446/53403)

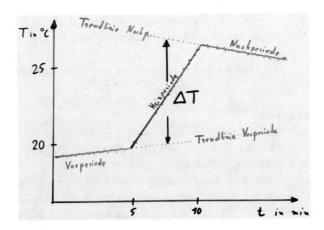

Abb. 13.17 Ermittlung des Temperaturanstiegs zur Berechnung der Kalorimeterkonstante

Neutralisationsenthalpie zu erhalten (Abb. 13.18). Die Verdünnungsenthalpie wird
in einem separaten Versuch bestimmt, wobei konzentrierte Salzsäure mit reinem
Wassers gemischt wird (Abb. 13.19).

13.2.6 Wanderung von Ionen im elektrischen Feld

Theorie Informieren Sie sich über das Verhalten von Elektrolyten (Kap. 11).

Abb. 13.18 Ermittlung der
Neutralisationsenthalpie aus
der Verdünnungsenthalpie
nach dem Satz von Hess

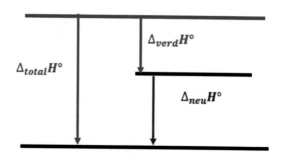

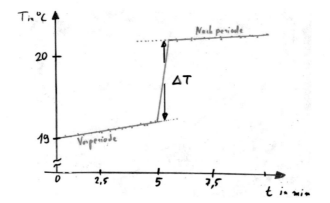

Abb. 13.19 Ermittlung des Temperaturanstiegs zur Berechnung der Verdünnungsenthalpie

Aufgabenstellung

- Bestimmen Sie die Wanderungsgeschwindigkeit des MnO_4^--Ions bei zwei unterschiedlichen Feldstärken. Tragen Sie dazu die Wanderungsstrecke gegen die Zeit auf und ermitteln den Anstieg der Geraden (Abb. 13.21).
- Berechnen Sie aus den Wanderungsgeschwindigkeiten die Beweglichkeit u_-, die Ionenleitfähigkeit λ_- und den Radius des hydratisierten MnO_4^--Ions r_-.

Fragen zur Vorbereitung

- Wie lauten die Einheiten der Ionenbeweglichkeit und der Ionenleitfähigkeit?
- Eine Kaliumpermanganatlösung wird elektrolysiert. Die Spannung beträgt 2 V; der Abstand der Elektroden 5 cm. Ermitteln Sie die Geschwindigkeit des Kaliumions und des Permanganations im elektrischen Feld.

$$\lambda_-^{\infty}\left(MnO_4^-\right) = 6{,}13\frac{mSm^2}{mol} \qquad \lambda_+^{\infty}\left(K^+\right) = 7{,}34\frac{mSm^2}{mol}$$

Auswertung

Die Wanderungsgeschwindigkeit v eines Ions kann direkt gemessen werden, wenn wir zwei Elektrolytlösungen, die je eine gemeinsame und eine unterschiedlich

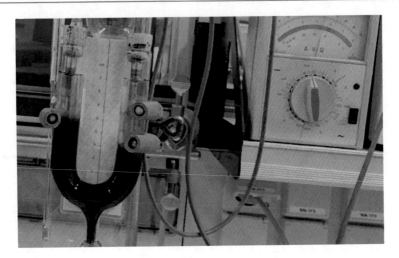

Abb. 13.20 Apparatur zur Messung der Driftgeschwindigkeit von Permanganationen (https://doi.org/10.5446/53404)

färbende Ionensorte enthalten, vorsichtig übereinanderschichten und die unter dem Einfluss eines elektrischen Feldes einsetzende Wanderung der Farbgrenze verfolgen (Abb. 13.20). Bei diesem Versuch werden die Elektrolyte KNO_3 und $KMnO_4$ verwendet. Die Wanderungsgeschwindigkeit des violett gefärbten Permanganations (MnO_4^-) wird gemessen.

Die Wanderungsgeschwindigkeit v ist über die Beweglichkeit u mit der molaren Ionenleitfähigkeit verknüpft.

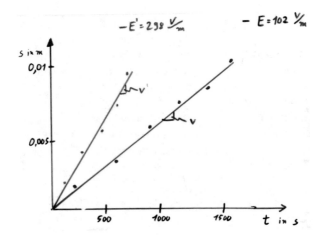

Abb. 13.21 Ermittlung der Driftgeschwindigkeit bei zwei unterschiedlichen Feldstärken

13.2.7 Siedediagramm eines Zweikomponentensystems

Theorie Informieren Sie sich über Phasendiagramme (Kap. 8).

Aufgabenstellung
- Erhitzen Sie mehrere Essigsäurebutylester/Aceton-Mischungen zum Sieden und ermitteln Sie die Zusammensetzung der Flüssigphase und Gasphase im Gleichgewicht (Abb. 13.22).
- Erstellen Sie eine Kalibrierkurve zur Bestimmung der Zusammensetzung von Essigsäurebutylester/Aceton-Mischungen.
- Konstruieren Sie das Siedediagramm des Systems Essigsäurebutylester/Aceton. Berechnen Sie mithilfe der Kalibrierkurve die Molenbrüche von Flüssigphase (x) und Gasphase (y) und zeichnen Sie ein T–x/y Diagramm.

T_{vap} (Essigsäurebutylester) $= 127\ °C$ (100 kPa).

T_{vap} (Aceton) $= 56\ °C$ (100 kPa).

Fragen zur Vorbereitung
- Skizzieren Sie das Siedediagramm eines idealen Zweikomponentensystems (Komponenten A und B; Siedepunkt A: 50 °C, Siedepunkt B: 60 °C).
- Die flüssige Mischung der Zusammensetzung $x = 0{,}5$ (50 % A und 50 % B) wird in einer Destillationsapparatur zum Sieden gebracht. Welche Zusammensetzung hat die Gasphase über der siedenden Flüssigkeit? Wie verändert sich die Siedetemperatur, wenn 50 % der Mischung in die Vorlage überdestilliert sind?

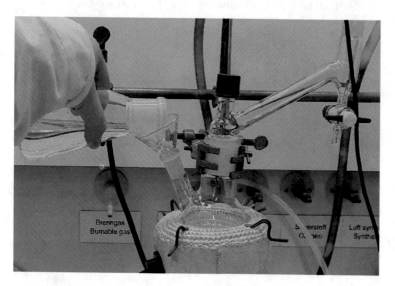

Abb. 13.22 Apparatur zur Messung des Siedeverhaltens von Mischungen (https://doi.org/10.5446/53405)

- Ein Azeotrop der Komponenten C und D wird in einer Destillationsapparatur zum Sieden gebracht. Welche Zusammensetzung hat die Gasphase über der siedenden Flüssigkeit? Wie verändert sich die Siedetemperatur, wenn 50 % der Mischung in die Vorlage überdestilliert sind?

Auswertung

Der Gesamtdruck p über einer Mischung setzt sich additiv aus den Partialdrücken zusammen.

Eine flüssige Mischung siedet, wenn die Summe ihrer Partialdrücke gleich dem äußeren Druck (hier Luftdruck) ist.

Die Gasphase über der siedenden Mischung hat also eine andere Zusammensetzung als die flüssige Phase, mit der sie im Gleichgewicht steht. Der Dampf enthält einen größeren Anteil der „leichter" siedenden Komponente (die Komponente mit dem höheren Dampfdruck).

Siedediagramme sind grafische Darstellungen der Siedetemperatur (Ordinate) als Funktion der Zusammensetzung des Systems bei konstantem Druck (Abb. 13.23). Da die Zusammensetzung der flüssigen Phase anders ist als die des Dampfes, ergeben sich zwei Kurven. Die untere Kurve, die Siedekurve, gibt den Beginn des Siedens in Abhängigkeit von der Zusammensetzung der flüssigen Phase (x) an. Die obere Kurve, die Kondensationskurve, zeigt die Zusammensetzung des Dampfes (y) bei der entsprechenden Siedetemperatur an.

13.2.8 Adsorptionsisotherme von Essigsäure auf Aktivkohle

Theorie Informieren Sie sich über die Grundlagen der Adsorption.

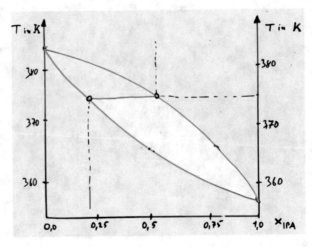

Abb. 13.23 Konstruktion des Siedediagramms aus Punkten auf der Taulinie und Siedelinie

Aufgabenstellung
- Bestimmen Sie bei konstanter Temperatur für das System Essigsäure-Aktiv-kohle die Gleichgewichtskonzentration c und die Oberflächenkonzentration a für verschiedene Ausgangskonzentrationen c^0 der Essigsäure (Abb. 13.24).
- Bestimmen Sie grafisch die spezifischen Konstanten der LANGMUIR- und der FREUNDLICH-Isotherme.
- Berechnen Sie mithilfe der ermittelten Parameter (α_∞, k und α, β) je zehn Wertepaare $a = f(c)$ für die Langmuir- und die Freundlich-Isotherme im interessierenden Konzentrationsbereich. Stellen Sie die Ergebnisse in einem $a = f(c)$-Diagramm zusammen (Abb. 13.25).

Fragen zur Vorbereitung
- Wie lauten die Einheiten der beiden Kenngrößen a_∞ und k in der LANGMUIR'schen Adsorptionsisotherme?
- Skizzieren Sie die LANGMUIR'sche Adsorptionsisotherme.
- Die Adsorption von Stickstoffmonoxid (NO) auf Aktivkohle gehorcht dem LANGMUIR-Modell. Es ergab sich für a_∞ ein Wert von 5,65 mmol/g. Ein adsorbiertes NO-Molekül besitzt einen Flächenbedarf von 0,3 nm^2. Berechnen Sie die spezifische Oberfläche der Aktivkohle.

Auswertung
Der Verlauf der Isothermen wird empirisch bestimmt; er hängt stark von den Eigenschaften der beteiligten Stoffe ab.

Abb. 13.24 Apparatur zur Messung der Adsorption von Essigsäure auf Aktivkohle (https://doi.org/10.5446/53453)

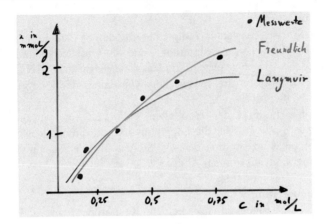

Abb. 13.25 Experimentell gemessene Isotherme (Punkte) und Trendlinien nach LANGMUIR (rot) und FREUNDLICH (türkis)

Zur quantitativen Beschreibung der Adsorptionsisothermen wurden Modell-vorstellungen entwickelt, nach denen auf einer Oberfläche eine oder mehrere Teil-chenschichten adsorbiert sind.

Aus einfachen kinetischen Überlegungen folgt die LANGMUIR'sche Adsorptions-isotherme. Der Zusammenhang zwischen der Oberflächenkonzentration a und der Gleichgewichtskonzentration in der Lösung c lautet

$$a = a_\infty \frac{c}{K_L + c}$$

Zur Ermittlung der Konstanten α_∞ und k formen wir um

$$\frac{1}{a} = \frac{1}{a_\infty} + \frac{k}{a_\infty} \cdot \frac{1}{c}$$

und erhalten aus der Auftragung $\frac{1}{a}$ gegen $\frac{1}{c}$ aus dem Ordinatenabschnitt α_∞ und aus der Neigung der Geraden die Konstante k (Abb. 13.26).

Isothermen ohne Sättigungsplateau werden häufig durch die empirische Adsorptionsisotherme nach FREUNDLICH beschrieben

$$a = \alpha \cdot c^\beta$$

α und β sind für das System spezifische Konstanten. Die Auftragung ln (a) gegen ln (c) erlaubt die Bestimmung von α und β aus dem Ordinatenabschnitt bzw. aus der Steigung der Geraden (Abb. 13.27).

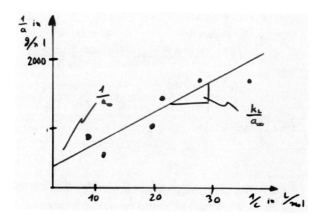

Abb. 13.26 Ermittlung der Parameter zur Konstruktion der LANGMUIR-Isotherme

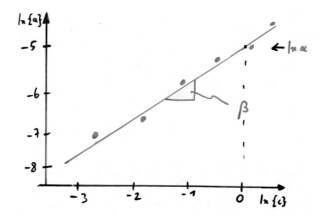

Abb. 13.27 Ermittlung der Parameter zur Konstruktion der FREUNDLICH-Isotherme

13.2.9 Bestimmung der Überführungszahl nach *HITTORF*

Theorie Informieren Sie sich über die Leitfähigkeit von Elektrolyten und über Elektroden (Kap. 11 und 12).

Aufgabenstellung
- Vervollständigen Sie die nachfolgende Tabelle (Tab. 13.2, Elektrolyse von Kalilauge). Stellen Sie für dieses System eine Stoffmengenbilanz auf und leiten Sie die Gleichungen für $\Delta n_{an.}$ und $\Delta n_{cath.}$ ab.

Tab. 13.2 Bilanzierung der HITTORF'schen Zelle

Vorgang	Kathodenraum $4H_2O + 4e^- \rightarrow 4OH^- + 2H_2$	Anodenraum $2\,H_2O + 4e^- + O_2 \leftarrow 4\,OH^-$
Elektrodenreaktion	$\Delta\left[OH^-\right] =$	$\Delta\left[OH^-\right] =$
Einwanderung	$\Delta\left[OH^-\right] =$	$\Delta\left[OH^-\right] =$
Auswanderung	$\Delta\left[OH^-\right] =$	$\Delta\left[OH^-\right] =$
Bilanz der Stoffmengen-änderung	$\Delta\left[OH^-\right] =$	$\Delta\left[OH^-\right] =$

- Elektrolysieren Sie Kalilauge in einer HITTORF'schen Elektrolysezelle und messen Sie die Konzentrationsänderungen in Kathoden- und Anodenraum (Abb. 13.28). Berechnen Sie hieraus die Überführungszahlen der Ionen. Bestimmen Sie die Überführungszahlen für KOH bei Raumtemperatur.

Fragen zur Vorbereitung
- Welcher elektrochemische Prozess findet bei der Elektrolyse von HCl an der Kathode des COULOMB-Meters statt?
- Berechnen Sie die Überführungszahlen für die HCl-Lösung!
- Wie lange muss bei einer Stromstärke von 50 mA elektrolysiert werden, um 20 ml Wasserstoff (100 kPa, 25 °C) im COULOMB-Meter zu erzeugen? Welche Ladung Q ist dann geflossen?

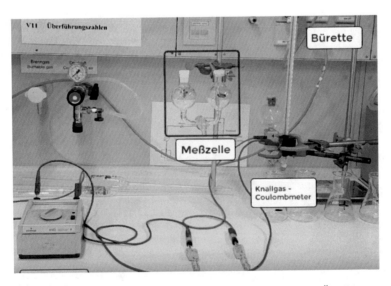

Abb. 13.28 Apparatur zur Elektrolyse nach HITTORF zur Bestimmung der Überführungszahlen (https://doi.org/10.5446/53454)

Auswertung

In einer stromdurchflossenen Elektrolytlösung leisten Kationen und Anionen unterschiedlich große Beiträge zum Strom- bzw. zum Ladungstransport. Abb. 13.29 veranschaulicht dies für das Beispiel der Salzsäure-Elektrolyse.

Fließt eine beliebige Ladungsmenge Q durch die HITTORF'sche Zelle (Abb. 13.30), folgt aus der Bilanz für die Stoffmengenänderung des Elektrolyten im Kathodenraum $\Delta n_{cath.}$ und im Anodenraum $\Delta n_{an.}$ (F: FARADAY-Konstante):

$$\Delta n_{cath.} = -\frac{Q}{F} \cdot t_+$$
$$\Delta n_{an.} = -\frac{Q}{F} \cdot t_-$$

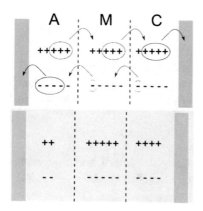

Abb. 13.29 Konzentrationen im Anodenraum/Mittelraum/Kathodenraum einer HITTORF-Zelle vor und nach der Elektrolyse

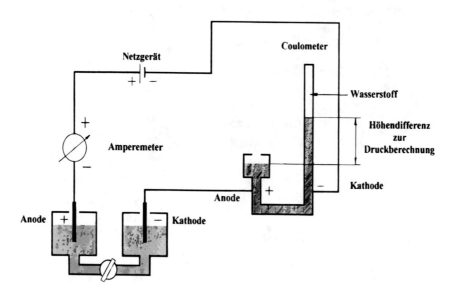

Abb. 13.30 Versuchsaufbau mit COULOMB-Meter und HITTORF-Zelle

Überführungszahlen können also aus der Messung der Ladungsmenge Q und der Bestimmung der Stoffmengenänderungen $\Delta n_{an.}$ und $\Delta n_{cath.}$ berechnet werden.

13.2.10 Bestimmung der Molmasse durch Kryoskopie

Theorie Informieren Sie sich über das Verhalten von Lösungen (Kap. 7).

Aufgabenstellung
- Bestimmen Sie die molare Masse einer unbekannten Substanz aus der Erniedrigung des Gefrierpunktes bei verschiedenen Massenkonzentrationen (Abb. 13.31).

Fragen zur Vorbereitung
- Was verstehen Sie unter kolligativen Eigenschaften?
- Wieviel Gramm Rohrzucker ($M = 342{,}30$ g/mol) bzw. Kochsalz ($M = 58{,}44$ g/mol) müssen wir zu 1,00 kg Wasser geben, um den Gefrierpunkt um 1,0 °C zu senken?

Auswertung
Die Gefrierpunktserniedrigung ΔT einer Lösung gegenüber dem reinen Lösungsmittel ist für ideale Lösungen gegeben durch:

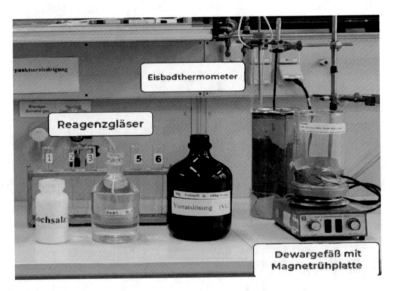

Abb. 13.31 Apparatur zur Messung des Erstarrungspunktes von Lösungen (https://doi.org/10.5446/53451)

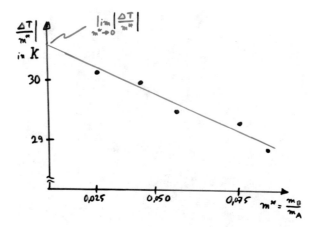

Abb. 13.32 Extrapolation der Messwerte auf unendliche Verdünnung zur Ermittlung der Molmasse nach dem 2. RAOULT'schen Gesetz

$$\Delta_{fus}T = -\frac{R\,T_{fus,A}^2\,M_A}{\Delta_{fus,A}H}\,\frac{m_B^*}{M_B}\,i$$

Die stoffspezifischen Konstanten des Lösungsmittels und die Gaskonstante lassen sich zur kryoskopischen Konstanten K_k zusammenfassen:

$$k_k = \frac{R\,T_{fus,A}^2\,M_A}{\Delta_{fus,A}H}$$

Für Wasser ist $k_k = 1{,}86\,\frac{\text{K kg}}{\text{mol}}$

Damit erhalten wir für die Gefrierpunktserniedrigung ΔT:

$$\Delta_{fus}T = -k_k\,\frac{m_B^*}{M_B}\,i$$

Diese Gleichung gilt streng nur für ideale Lösungen; für reale Lösungen messen wir die Gefrierpunktserniedrigung bei verschiedenen Massenkonzentrationen der gelösten Substanz und extrapolieren den Quotienten $\frac{\Delta T}{m_2^*}$ auf unendliche Verdünnung (Abb. 13.32).

$$\lim_{m_B^*\to 0}\left|\frac{\Delta_{fus}T}{m_B^*}\right| = \frac{k_k}{M_B}\,i$$

13.3   Links und QR-Codes zu den Multimedia-Kursen

(Siehe Abb. 13.33, 13.34, 13.35)

Abb. 13.33 Multimedia-Kurs PhysChemBasics^light (PhysikalischeChemieKompakt.de)

Abb. 13.34 Multimedia-Praktikum PhysChemBasics^light (PhysChemLab.de)

Abb. 13.35 Multimedia-Course PhysChemBasics[light] (PhysChemBasics.de)

13.4 Vorschläge zur Gestaltung der Workshops

Im Workshop wird bewusst auf Präsentationsprogramme (PowerPoint etc.) verzichtet, sondern konsequent auf Tafel & Kreide (bzw. Marker & Whiteboard) gesetzt. Wichtige Fakten werden gemeinsam mit den Studenten an der Tafel erarbeitet, visualisiert, mit Farbe strukturiert. Die Studenten sollten die Schlüsselabbildungen zu jedem Kapitel selbst nachzeichnen können.

Die Workshops sind sehr Experiment-orientiert. Erfahrungsgemäß bleiben die Exponate/Experimente, welche oft von den Studenten selbst durchgeführt und ausgewertet werden, sehr gut im Gedächtnis.

Eine „Frage des Tages" (die ebenfalls von den Studenten selbst bearbeitet wird) hilft, einen roten Faden durch den ca. 90-minütigen Workshop zu spannen.

13.4.1 Workshop 1: Zustandsänderungen

Frage des Tages
- Enthält ein Wassersprudler-Gaszylinder flüssiges Kohlendioxid?

Exponate/Experimente
- pVT-Phasendiagramm eines Einkomponentensystems (3D-Modell)
- Wasserkocher (Wie berechnen wir sensible Wärme?)
- Amperemeter und Mobiltelefon (Wie berechnen wir elektrische Arbeit?)
- Brennstoffzelle (Wie führen wir eine chemische Reaktion reversibel?)
- Wassersprudler (Phasendiagramm von CO_2, Erzeugen von Trockeneis)

- Gasfeuerzeug (Wie beschreiben wir ein Zweiphasensystem)
- Heliumballon (Wie beschreiben wir ein Einphasensystem?)

13.4.2 Workshop 2: Gase

Frage des Tages
- Wie viel gasförmiges Wasser befindet sich in der Luft des Hörsaals?

Exponate/Experimente
- Hygrometer (Wie groß ist die relative Luftfeuchtigkeit im Hörsaal?)
- Luftpumpe (Wie ist die Kompressibilität von Gasen?)
- Radiometer (Warum dreht sich eine Lichtmühle, und warum nur in die eine Richtung?)
- Feuerpumpe (Wie funktioniert ein pneumatisches Feuerzeug?)
- Methanolkanone (Wie viele Milliliter Methanol werden benötigt für eine stöchiometrische Verbrennung in der Chips-Verpackung?)
- Luftballon im Vakuum (Wie ändert sich das Volumen eines Luftballons, wenn dieser in der Atmosphäre bis in die Stratosphäre aufsteigt?)

Praktikumsversuch
- Versuch zu den Gasgesetzen (Boyle-Mariotte, Gay-Lussac)

13.4.3 Workshop 3: Physikalische Gleichgewichte

Frage des Tages
- Wie groß ist der Wirkungsgrad eines „Eismotors" (Stirling-Motor auf Eis)?

Exponate/Experimente
- Heatpipe (Wie schnell wird die Wärme transportiert durch den speziellen Heatpipe-Mechanismus?)
- Stirling-Motor und Eis (Was passiert mit dem Arbeitsmedium Luft in einem Stirling-Motor?)
- Tee in Wasser (Wie schnell diffundiert der Tee in das Wasser?)
- Glühbirne (Wie funktioniert ein Wärmeleitfähigkeitsdetektor (WLD)?), Ammoniak und Salzsäure (Wo treffen sich Ammoniak und Salzsäuredämpfe in einem Glasrohr?)
- Peltier-Element (Können wir elektrisch Kälte erzeugen?)

Praktikumsversuch
Auflösungsgeschwindigkeit von Gips (Diffusions-limitiert).

13.4.4 Workshop 4: Affinität

Frage des Tages
- Kann Wasser zu Wasserstoffperoxid verbrennen?

Exponate/Experimente
- Löschen von Kalk (Wie viel Kalk müssen wir löschen für ein Heißgetränk?)
- Lösen von Harnstoff (mit Thermometer; weshalb findet ein endothermer Prozess freiwillig statt?)
- Gummiband (Entropie-Elastizität: Wie ändert sich die Temperatur beim Dehnen/Entspannen?)
- Bombenkalorimeter (Wie können wir praktisch eine isochore Wärmemessung durchführen?)

Praktikumsversuch
- Neutralisationsenthalpie

13.4.5 Workshop 5: Chemische Gleichgewichte

Frage des Tages
- Ändert sich der pH-Wert von reinem Wasser mit der Temperatur?

Exponate/Experimente
- Nickelchlorid-Gleichgewicht (Wie ändert sich das Gleichgewicht durch Temperaturänderung (Farbe als Indikator der Gleichgewichtslage)?)
- pH-Meter (Wie ändert sich der pH-Wert von reinem Wasser mit der Temperatur?)

13.4.6 Workshop 6: Dampfdruck

Frage des Tages
- Bei welcher Temperatur kondensiert Wasser aus der Luft des Hörsaals?

Exponate/Experimente
- Limonadenflasche mit Manometer (Wie hoch ist der Druck in einer Limonadendose?)
- Taupunkthygrometer nach DANIELL (Wie bestimmen wir durch kontrollierte Kühlung den Taupunkt?); Handboiler (Wie ändert sich der Dampfdruck mit der Temperatur?); Sieden von Wasser bei Unterdruck (Spritze)

- EINSTEINS Ente in verschiedenen Modi (Wie schnell trinkt die Ente, wenn wir ihr Ethanol statt Wasser anbieten? Warum kommt die Ente in einem Rezipienten zum Stillstand?)
- Sumpfkühler (Was bedeutet „Kühlgrenztemperatur"?); Nebenkammer nach WILSON (Wie erzeugen wir übersättigten Dampf?)
- Kavitation: Erniedrigung des Drucks in Wasser durch Schlag; Kavitation im Tierreich und in der Technik

Praktikumsversuch
- Dampfdruckkurve und Verdampfungsenthalpie

13.4.7 Workshop 7: Lösungen

Frage des Tages
- Bei welcher Temperatur gefriert Meerwasser und woraus bestehen die sich bildenden Kristalle?

Exponate/Experimente
- 1 M Zuckerlösung und 0,5 M Kochsalzlösung (Meerwasser; Was sind isotonische Lösungen?)
- Chemischer Garten (Silikatlösung + Metallsalz-Kristalle; Was ist Osmose?)
- Natriumacetat als latenter Wärmespeicher (Woraus bestehen die Kristalle, die aus der Lösung auskristallisieren?)
- Eisangeln (Wieso schmilzt das Eis, wenn wir Salz darauf schütten, und gefriert anschließend wieder?)

Praktikumsversuch
- Molmassenbestimmung durch Kryoskopie

13.4.8 Workshop 8: Phasendiagramme

Frage des Tages
- Bei welcher Temperatur siedet Wein?

Exponate/Experimente
- Wasserkocher und Thermometer (Wir messen die Siedetemperatur von Wein)
- Mechanischer Hebel (Was sagt das Hebelgesetz der Mechanik)
- Adsorption von Kristallviolett an Aktivkohle (Ist die Adsorption reversibel?)
- Isopropanol/ges. Kochsalzlösung – heterogenes Gemenge (+ Perlen zur Dichtebestimmung: Die Perlen sind anfangs direkt an der Phasengrenze. Wieso schwimmen einige Perlen nach dem Schütteln oben, während andere Perlen auf den Boden sinken?)

Praktikumsversuche

- Siedediagramm eines idealen Zweikomponentensystems
- Adsorptionsisotherme Aktivkohle/Essigsäure

13.4.9 Workshop 9: Reaktionskinetik

Frage des Tages

- Welche thermische Leistung besitzt das Rosten von Eisen (Eisen-Handwärmer)?

Exponate/Experimente

- Entfärbung von Kristallviolettlösung bei hohem pH-Wert (Wie lange dauert es bis zur kompletten Entfärbung?)
- Katalyse der Aceton-Oxidation mit Kupfer (Wieso glüht das Kupfer „von selbst"?); Kugelbahn als Reaktionsprofil; Wasserstoffperoxid – Zersetzung mit Katalysator
- Eisen-Handwärmer (Fe/Luft); Ready-to-eat Meal (MRE: Mg/Luft) (Wie kann eine „eigentlich" langsame Reaktion beschleunigt werden?)
- Polarimeter/Refraktometer/Konduktometer zur Konzentrationsmessung (Wie messen wir die Konzentration der Reaktanten, ohne die Reaktion zu stören?)

Praktikumsversuche

- Kinetik der Rohrzuckerinversion
- Kinetik der Esterspaltung

13.4.10 Workshop 10: Reaktionsmechanismus

Frage des Tages

- Wie viel Radon steht im Gleichgewicht mit 1 kg Beton (30 Bq)?

Exponate/Experimente

- 3 Tropftrichter (Analogie der Folgereaktion – Wie beeinflusst der Stand der Hähne den Füllstand im mittleren Tropftrichter?)
- Geigerzähler (radioaktive Zerfallsreihen – Welche Strahlung zeigt der Geigerzähler an? Warum ist die Stahlendosis höher in der Nähe von grünem Uranglas?)

Praktikumsversuch

- Mutarotation von Glucose

13.4.11 Workshop 11: Leitfähigkeit

Frage des Tages

- Wie verändert das Auflösen eines Salzkristalls (< 1 mg) die Leitfähigkeit von Wasser?

Exponate/Experimente

- Salzkristalle, Pinzette, Konduktometer, destilliertes Wasser (Würden wir die Erhöhung der Leitfähigkeit bei Leitungswasser oder Meerwasser bemerken?)
- Leitungswasser, Meerwasser (0,5 M Kochsalzlösung)
- Körperfettwaage (Wie errechnet die Waage aus der Leitfähigkeit den Körperfettanteil?)
- Permanganat-Lösung im elektrischen Feld (Elektrophorese – Wovon hängt die Wanderungsgeschwindigkeit der Ionen ab?)

Praktikumsversuche

- Leitfähigkeit starker und schwacher Elektrolyte
- Wanderungsgeschwindigkeit von Ionen im elektrischen Feld

13.4.12 Workshop 12: Elektroden

Frage des Tages

- Wie viel Energie steckt in einer Zink-Kohle-Batterie?

Exponate/Experimente

- Zitronenbatterie aus Bleistiftspitzer (Welche Metalle des Alltags besitzen die größte Potenzialdifferenz?); Opferanode
- Brennstoffzelle, Batterie, Akku (Was ist beim Laden/Entladen unterschiedlich (Anode/Kathode/Pluspol/Minuspol)?)
- Wasser-Elektrolysator (Wie viel Spannung wird für die Wasserzersetzung benötigt?)
- Zink und Kupfersalzlösung (Unterschied zwischen spontan und reversibel?)
- Oxford Electric Bell (Wie funktioniert das elektrochemische Experiment, welches seit 1841 läuft?)

Praktikumsversuche

- Leerlaufspannung GALVANI'scher Zellen
- HITTORF'sche Überführungszahl

13.5   Abkürzungsverzeichnis

[A]	thermodynamische Konzentration des Stoffes A (je nach Stoff: Molarität c, Partialdruck p oder Molenbruch x)
A	Fläche
A	Freie Energie (HELMHOLTZ-Energie)
A	Frequenzfaktor
a	VAN-DER-WAALS-Konstante des Binnendrucks
B	2. Virialkoeffizient

b	Molalität
b	VAN-DER-WAALS-Konstante des Kovolumens
c	Molarität
C_p	isobare Wärmekapazität (Enthalpiekapazität)
C_V	isochore Wärmekapazität (Energiekapazität)
E_A	Aktivierungsenergie
D	Diffusionskoeffizient
E	elektrische Feldstärke
e	Elementarladung
F	FARADAY'sche Konstante
h	PLANCK'sche Konstante
I	Ionenstärke
i	VAN'T HOFF'scher Faktor
J	Massenstromdichte
k	Reaktionsgeschwindigkeitskonstante
K_a	Säurekonstante
k_B	BOLTZMANN-Konstante
k_{eb}	ebullioskopische Konstante
K_{eq}	thermodynamische Gleichgewichtskonstante
k_H	HENRY'sche Konstante
K_K	KOHLRAUSCH'sche Konstante
k_{kr}	kryoskopische Konstante
L	Liter
λ	mittlere freie Weglänge
μ_{J-T}	JOULE–THOMSON-Koeffizient
m	Masse
M	molare Masse
n	Stoffmenge
N_A	AVOGADRO-Konstante
n_e	elektrochemische Wertigkeit
p	Druck
Q	Ladung
R	ideale Gaskonstante
r	Reaktionsgeschwindigkeit
T	Temperatur
T_c	kritische Temperatur
T_{fus}	Erstarrungstemperatur
T_i	Inversionstemperatur
T_{vap}	Siedetemperatur
t	Zeit
u	Beweglichkeit
v	Driftgeschwindigkeit
V	Volumen
$\overline{v}$	mittlere Geschwindigkeit
$\overline{V}$	molares Volumen

x	Ortskoordinate
x	Stoffmengenanteil (Molenbruch) in der kondensierten Phase
x	mittlere Verschiebung
y	Ortskoordinate
y	Stoffmengenanteil (Molenbruch) in der Gasphase
z	Ladungszahl
Z	Realgasfaktor (Kompressionsfaktor)
$\langle z \rangle$	mittlere Stoßfrequenz
α	Dissoziationsgrad
α	thermischer Ausdehnungskoeffizient
γ	Oberflächenspannung
η	dynamische Viskosität
θ	Randwinkel
κ	Kompressibilität
λ	Wärmeleitfähigkeit
μ	Chemisches Potenzial (partielle molare Freie Enthalpie)
ν	Zerfallszahl
ρ	Dichte (Masse-Konzentration)
σ	Stoßquerschnitt (Wechselwirkungsquerschnitt)
τ	Schubspannung
ϕ	Volumenanteil
χ	Flory-Huggins-Koeffizient
κ	spezifische Leitfähigkeit
Λ	molare Leitfähigkeit
F	Kraft
L	Länge
H	Enthalpie
S	Entropie
G	Freie Enthalpie (GIBBS-Energie)
U	Innere Energie
q	Wärme
w	Arbeit
w_{pV}	(Druck-)Volumenarbeit
q_{rev}	reversible Wärme
Π	osmotischer Druck
π_T	Binnendruck
$\Delta_f H°$	Standard-Bildungsenthalpie
$\Delta_r H°$	Standard-Reaktionsenthalpie
$\Delta_{fus} H$	Schmelzenthalpie
$\Delta_{vap} H$	Verdampfungsenthalpie
$\Delta_r S°$	Standard-Reaktionsentropie
$\Delta_r G°$	Standard-Reaktionsantrieb
$\overline{U}$	molare Innere Energie
Ω	thermodynamische Wahrscheinlichkeit

13.6 Naturkonstanten und Einheiten

Gaskonstante $\qquad R = 8{,}314\frac{J}{mol\,K}$

Avogadro-Konstante $\qquad N_A = 6{,}022 \cdot 10^{23}\frac{1}{mol}$

Boltzmann-Konstante $\qquad k_B = 1{,}381 \cdot 10^{-23}\frac{J}{K}$

Faraday-Konstante $\qquad F = 9{,}6485 \cdot 10^4\frac{C}{mol}$

Elementarladung $\qquad e = 1{,}6022 \cdot 10^{-19}C$

Einheiten Energie $\qquad J = kPa \cdot L = Pa \cdot m^3 = V \cdot A \cdot s$

Druck $\qquad 1\ bar = 100\ kPa$

$\qquad\qquad\qquad\qquad 1\ atm = 760\ Torr = 101{,}3\ kPa$

13.7 Bindungsenthalpien

(Siehe Tab. 13.3)

13.8 Thermodynamische Daten

(Siehe Tab. 13.4)

Tab. 13.3 Bindungsenthalpien in kJ/mol (Einfachbindung/Doppelbindung/Dreifachbindung untereinander angeordnet

	H	C	N	O	S	F	Cl	Br	I
H	−436								
C	−413	−346 −602 −835							
N	−386	−305 −615 −887	−167 −418 −945						
O	−463	−358 −799 −1072	−201 −607	−146 −498					
S	−347	−272			−226				
F	−565	−485	−283	−190	−284	−155			
Cl	−432	−339	−192	−218	−255	−253	−242		
Br	−366	−285		−201	−217	−249	−216	−193	
I	−299	−213		−201		−278	−208	−175	−151

Tab. 13.4 Molmasse, Bildungsenthalpie, Normalentropie und Freie Bildungenthalpie einiger anorganischer und organischer Stoffe.

	M in g/mol	$\Delta_f H°$ in kJ/mol	S° in J/(mol K)	$\Delta_f G°(\mu°)$ in kJ/mol
Ag(s)	107,87	0,0	42,6	0,0
AgCl(s)	143,32	−127,1	96,2	−109,8
Ag_2O(s)	231,74	−31,1	121,3	−11,2
Al(s)	26,98	0,0	28,3	0,0
Br_2 (l)	159,82	0,0	152,2	0,0
Br_2 (g)	159,82	30,9	245,5	3,1
CaO(s)	56,08	−635,1	39,7	−604,0
$Ca(OH)_2$(s)	74,09	−986	83	
$CaCO_3$(s)	100,09	−1212,0	92,9	−1128,8
Cl2 (g)	70,91	0,0	223,1	0,0
Cl^-(aq)	35,45	−167,2	56,5	−131,2
C(s) (gra.)	12,01	0,0	5,74	0,0
C(s) (dia.)	12,01	1,9	2,4	2,9
C(g)	12,01	716,68	158,1	671,3
CO(g)	28,01	−110,62	198,12	−137,2
CO_2(g)	44,01	−393,77	213,86	−394,4
CO_2(aq)	44,01	−413,8	117,6	−386,0
H_2CO_3 (aq)	62,03	−699,7	187,4	−623,1
CH_4(g)	16,04	−74,81	186,26	−50,7
C_2H_2(g)	26,04	226,7	200,9	209,2
C_2H_4(g)	28,05	52,3	219,6	68,2
C_2H_6 (g)	30,07	−84,7	229,6	−32,8
C_3H_6(g)	42,08	20,4	267,1	62,8
C_6H_6(l)	78,12	49,0	173,3	124,3
C_6H_6(g)	78,12	82,9	269,3	129,7
C_6H_{12}(l)	84,16	−156,0		26,8
C_6H_{14}(l)	86,18	−198,7	204,3	
$C_6H_5CH_3$(g)	92,14	50,0	320,7	122,0
C_7H_{16}(l)	100,21	−224,4	328,6	1,0
C_8H_{18}(l)	114,23	−249,9	361,1	6,4
i−C_8H_{18}(l)	114,23	−255,1		
$C_{10}H_8$(s)	128,18	78,5		
CH_3OH(l)	32,04	−238,7	126,8	−166,3
CH_3OH(g)	32,04	−200,7	239,8	−162,0
C_2H_5OH(l)	46,07	−277,7	160,7	−174,8

(Fortsetzung)

Tab. 13.4 (Fortsetzung)

	M in g/mol	$\Delta_f H°$ in kJ/mol	S° in J/(mol K)	$\Delta_f G°(\mu°)$ in kJ/mol
$C_2H_5OH(g)$	46,07	−235,1	282,7	−168,5
HCOOH(l)	46,03	−424,7	129,0	−361,4
$CH_3OOH(l)$	60,05	−484,5	159,8	−389,9
$CH_3CHOO-Et(l)$	88,11	−479,0	259,4	−332,7
HCHO(g)	30,03	−108,6	218,8	−102,5
$CH_3CHO(l)$	44,05	−192,3	160,2	−128,1
$CH_3CHO(g)$	44,05	−166,2	250,3	−128,9
$\alpha-D-C_6H_{12}O_6(s)$	180,16	−1274,0		
$\beta-D-C_6H_{12}O_6(s)$	180,16	−1268,0	212,0	−910,0
$C_{12}H_{22}O_{11}(s)$	342,3	−2222,0	360,2	−1543,0
CuO(s)	79,54	−157,3	42,6	−129,7
$CuSO_4$ (s)	159,6	−771,4	109,0	−661,8
$CuSO_4 \cdot 5H_2O(s)$	249,68	−2279,7	300,4	−1879,7
Fe(s)	55,85	0,0	27,3	0,0
$I_2(s)$	253,81	0,0	116,1	0,0
$I_2(g)$	253,81	62,4	260,7	19,3
$H_2(g)$	2,016	0,0	130,684	0,0
H(g)	1,01	217,94	114,7	203,3
$H^+(aq)$	1,01	0,0	0,0	0,0
$H_2O(l)$	18,02	−285,84	69,9	−237,1
$H_2O(g)$	18,02	−241,83	188,72	−228,6
$H_2O_2(l)$	34,02	−187,8	109,6	−120,4
HCl(g)	36,46	−92,3	186,9	−95,3
HCl(aq)	36,46	−167,2	56,5	−131,2
$H_2S(g)$	34,08	−20,6	205,8	−33,6
Mg(s)	24,31	0,0	32,7	0,0
MgO(s)	40,31	−601,7	26,9	−569,4
$N_2(g)$	28,01	0,0	191,5	0,0
N(g)	14,01	470,6	153,3	455,6
NO(g)	30,01	90,3	210,8	86,6
$N_2O(g)$	44,01	82,1	219,9	104,2
$NO_2(g)$	46,01	33,2	240,1	51,3
$N_2O_4(g)$	92,01	9,2	304,3	97,9
$N_2O_5(s)$	108,01	−43,1	178,2	113,9
N_2O_5 (g)	108,01	11,3	355,7	+115,1
$NH_3(g)$	17,03	−46,1	192,5	−16,5

(Fortsetzung)

Tab. 13.4 (Fortsetzung)

	M in g/mol	$\Delta_f H°$ in kJ/mol	S° in J/(mol K)	$\Delta_f G°(\mu°)$ in kJ/mol
$NH_3(aq)$	17,03	−80,3	113,3	−26,5
NH_4NO_3 (s)	80,04	−365,6	151	
Na(s)	22,99	0,0	51,2	0,0
Na(g)	22,99	107,3	153,7	76,8
$Na^+(aq)$	22,99	−240,1	59,0	−261,9
NaOH(s)	40	−425,6	64,5	−379,5
NaCl(s)	58,44	−411,2	72,1	−384,1
Na_2CO_3 (s)	105,99	−1130,7	135	
$NaHCO_3$ (s)	84,01	−947,7	102	
$O_2(g)$	31,999	0,0	205,0	0,0
O(g)	15,999	249,17	161,06	231,7
$O_3(g)$	47,998	142,7	238,9	163,2
OH−(aq)	17,007	−230,0	−10,8	−157,2
S (s, α)	32,06	0,0	31,8	0,0
S (g)	32,06	278,81	167,82	238,25
$SO_2(g)$	64,06	−296,8	248,2	−300,2
$SO_3(g)$	80,06	−395,7	256,8	−371,1
Zn(s)	65,37	0,0	41,6	0,0
Zn(g)	65,37	130,7	161,0	95,1
$Zn^{2+}(aq)$	65,37	−153,9	−112, 1	−147,1
Pb(g)	207,19	195,0	175,4	161,9
CuO(s)	79,54	−157,3	42,6	−129,7
$CuSO_4$ (s)	159,6	−771,4	109,0	−661,8
$CuSO_4·5H_2O(s)$	249,68	−2279,7	300,4	−1879,7
Fe(s)	55,85	0,0	27,3	0,0
$I_2(s)$	253,81	0,0	116,1	0,0
$I_2(g)$	253,81	62,4	260,7	19,3
$H_2(g)$	2,016	0,0	130,684	0,0
H(g)	1,01	217,94	114,7	203,3
$H^+(aq)$	1,01	0,0	0,0	0,0
$H_2O(l)$	18,02	−285,84	69,9	−237,1
$H_2O(g)$	18,02	−241,83	188,72	−228,6
$H_2O_2(l)$	34,02	−187,8	109,6	−120,4
HCl(g)	36,46	−92,3	186,9	−95,3
HCl(aq)	36,46	−167,2	56,5	−131,2
$H_2S(g)$	34,08	−20,6	205,8	−33,6

(Fortsetzung)

Tab. 13.4 (Fortsetzung)

	M in g/mol	$\Delta_f H°$ in kJ/mol	$S°$ in J/(mol K)	$\Delta_f G°(\mu°)$ in kJ/mol
Mg(s)	24,31	0,0	32,7	0,0
MgO(s)	40,31	−601,7	26,9	−569,4
N_2(g)	28,01	0,0	191,5	0,0
N(g)	14,01	470,6	153,3	455,6
NO(g)	30,01	90,3	210,8	86,6
N_2O(g)	44,01	82,1	219,9	104,2
NO_2(g)	46,01	33,2	240,1	51,3
N_2O_4(g)	92,01	9,2	304,3	97,9
N_2O_5(s)	108,01	−43,1	178,2	113,9
N_2O_5 (g)	108,01	11,3	355,7	+115, 1
NH_3(g)	17,03	−46,1	192,5	−16,5
NH_3(aq)	17,03	−80,3	113,3	−26,5
NH_4NO_3 (s)	80,04	−365,6	151	
Na(s)	22,99	0,0	51,2	0,0
Na(g)	22,99	107,3	153,7	76,8
Na^+(aq)	22,99	−240,1	59,0	−261,9
NaOH(s)	40	−425,6	64,5	−379,5
NaCl(s)	58,44	−411,2	72,1	−384,1
Na_2CO_3 (s)	105,99	−1130,7	135	
$NaHCO_3$ (s)	84,01	−947,7	102	
O_2(g)	31,999	0,0	205,0	0,0
O(g)	15,999	249,17	161,06	231,7
O_3(g)	47,998	142,7	238,9	163,2
OH^-(aq)	17,007	−230,0	−10,8	−157,2
S (s, α)	32,06	0,0	31,8	0,0
S (g)	32,06	278,81	167,82	238,25
SO_2(g)	64,06	−296,8	248,2	−300,2
SO_3(g)	80,06	−395,7	256,8	−371,1
Zn(s)	65,37	0,0	41,6	0,0
Zn(g)	65,37	130,7	161,0	95,1
Zn^{2+}(aq)	65,37	−153,9	−112, 1	−147,1
Pb(g)	207,19	195,0	175,4	161,9

13.9   Eigenschaften von Gasen

(Siehe Tab. 13.5)

13.10 ANTOINE-Gleichung und Parameter

(Siehe Tab. 13.6)

$$\log\left(\frac{p_A}{\mathbf{kPa}}\right) = A - \frac{B}{C + T(in°C)}$$

13.11 Ionenleitfähigkeiten

(Siehe Tab. 13.7)

13.12 Spannungsreihe

(Siehe Tab. 13.8)

Tab. 13.5 Kritische Größen, 2. Virialkoeffizienten, VAN-DER-WAALS-Parameter und HENRY-Konstanten (in Wasser) einiger Gase.

	p_c in MPa	T_c in K	$\overline{V_c}$ in mL/mol	B in mL/mol bei 0 °C	a in Pa m^6 mol^{-2}	b in mL/mol	K_H in GPa bei 20 °C
Ar	4,8	151	75	−22	0,14	32	4,02
CO$_2$	7,4	304	94	−142	0,396	42,69	0,165
CH$_4$	4,6	191	99	−54	0,23	43	3,97
He	0,2	5	58	12	0,003	23	14,5
H$_2$O	21,8	647	56		0,55	31	
N$_2$	3,4	126	90	−11	0,14	39	8,68
Ne	2,7	44	42	10			54,7
NH$_3$	11,1	406	73		0,42	46	0,235
O$_2$	5,0	155	78	−22	0,14	32	4,4

Tab. 13.6 ANTOINE-
Parameter einiger
Flüssigkeiten.

	A	B in °C	C in °C
CH_4	5,7367	389,927	265,99
H_2O	7,19.621	1730,63	233,426
N_2	5,6194	255,6778	265,55
O_2	5,8163	319,011	266,7
C_2H_5OH	7,2371	1592,864	226,184
CH_3OH	7,20.587	1582,271	239,726
C_2H_6	5,9276	656,401	255, 99
CH_3COCH_3	6,24.204	1210,595	229,664
C_3H_8	5,9546	813,199	247,99
$i\text{-}C_3H_7OH$	8,00.319	2010,33	252,636
C_6H_6	6,00.477	1196,76	219,161
$C_6H_5CH_3$	6,07.577	1342,31	219,187
C_6H_{12}	5,97.636	1206,47	223,136

Tab. 13.7 Molare Grenzleitfähigkeiten und Beweglichkeiten einiger Ionen bei 25 °C.

Ion	H^+	Li^+	Na^+	K^+	SO_4^{2-}	OAc^-	OH^-	Cl^-
$\lambda_\infty / \frac{mS\,m^2}{mol}$	34,6	3,87	5,01	7,35	16,0	4,09	19,9	7,63
$u_\infty / 10^{-8}\,\frac{m^2}{Vs}$	36,23	4,01	5,19	7,62	16,6	4,34	20,64	7,91

Tab. 13.8 Spannungsreihe und Standardpotenzial verschiedener Redoxpaare.

Oxid. Form/red. Form	Durchtrittsreaktion	E_{redox}^{0} in V
MnO_4^-, H^+/Mn^{2+}, H_2O	$MnO^{4-}(aq) + 8\,H^+(aq) + 5\,e^- \rightleftharpoons Mn^{2+}(aq) + 4\,H_2O(l)$	$+1{,}51$ @ pH $= 0$
Cl_2/Cl^-	$Cl_2(g) + 2\,e^- \rightleftharpoons 2\,Cl^-(aq)$	$+1{,}36$
O_2, H^+/H_2O	$O_2(g) + 4\,H^+(aq) + 4\,e^- \rightleftharpoons 2\,H_2O(l)$	$+1{,}23$ @ pH $= 0$ $+0{,}82$ @ pH $= 7$
TEMPO-Radikal		$\approx 0{,}95$
Ag^+/Ag	$Ag^+(aq) + e^- \rightleftharpoons Ag(s)$	$+0{,}80$
O_2, H_2O/OH^-	$O_2(g) + 2\,H_2O(l) + 4\,e^- \rightleftharpoons 4\,OH^-(aq)$	$+0{,}40$ @ pH $= 14$ $+0{,}82$ @ pH $= 7$
Galvinoxyl-Radikal		$\approx 0{,}28$
Cu^{2+}/Cu	$Cu^{2+}(aq) + 2\,e^- \rightleftharpoons Cu(s)$	$+0{,}34$
$AgCl$/Ag, Cl^-	$AgCl(s) + e^- \rightleftharpoons Ag(s) + Cl^-(aq)$	$+0{,}22$
H^+/H_2	$2\,H^+(aq) + 2\,e^- \rightleftharpoons H_2(g)$	$0{,}00$ @ pH $= 0$ $-0{,}42$ @ pH $= 7$
Fe^{3+}/Fe	$Fe^{3+}(aq) + 3\,e^- \rightleftharpoons Fe(s)$	$-0{,}04$
Pb^{2+}/Pb	$Pb^{2+}(aq) + 2\,e^- \rightleftharpoons Pb(s)$	$-0{,}13$
Sn^{2+}/Sn	$Sn^{2+}(aq) + 2\,e^- \rightleftharpoons Sn(s)$	$-0{,}14$
Fe^{2+}/Fe	$Fe^{2+}(aq) + 2\,e^- \rightleftharpoons Fe(s)$	$-0{,}44$
Zn^{2+}/Zn	$Zn^{2+}(aq) + 2\,e^- \rightleftharpoons Zn(s)$	$-0{,}76$
H_2O/H_2, OH^-	$2\,H_2O(l) + 2\,e^- \rightleftharpoons H_2(g) + 2\,OH^-(aq)$	$-0{,}83$ @ pH $= 14$ $-0{,}42$ @ pH $= 7$
Al^{3+}/Al	$Al^{3+}(aq) + 3\,e^- \rightleftharpoons Al(s)$	$-1{,}66$
Mg^{2+}/Mg	$Mg^{2+}(aq) + 2\,e^- \rightleftharpoons Mg(s)$	$-2{,}36$
Li^+/Li	$Li^+(aq) + e^- \rightleftharpoons Li(s)$	$-3{,}05$

Literatur

Brown, T. E. et al (2017) Chemistry: The Central Science, London: Pearson
Engel, T. / Reid, P. (2013) Physikalische Chemie, London: Pearson
Atkins, P.W. / de Paula, J. (2013) Physikalische Chemie, New York: Wiley-VCH
Ender, V. (2015) Praktikum Physikalische Chemie, Berlin: Springer
Lauth, J. (2016) Grundlagen der Thermodynamik und Verhalten der Gase, Berlin: Springer
Lauth, J. (2016) Chemische Thermodynamik, Berlin: Springer
Lauth, J. (2016) Phasengleichgewichte, Berlin: Springer
Lauth, J. (2016) Reaktionskinetik, Berlin: Springer
Lauth, J. (2016) Elektrochemie, Berlin: Springer
Lauth, J. / Kowalczyk, J. (2016) Einführung in die Physik und Chemie der Grenzflächen und Kolloide, Berlin: Springer
Lauth, J. / Kowalczyk, J. (2015) Thermodynamik, Berlin: Springer

© Der/die Autor(en), exklusiv lizenziert durch Springer-Verlag GmbH, DE, ein Teil von Springer Nature 2022
J. „SciFox" Lauth, *Physikalische Chemie kompakt,*
https://doi.org/10.1007/978-3-662-64588-8

Printed in the United States
by Baker & Taylor Publisher Services